班组安全 100 丛书

危险作业现场隐患事故分析精编

"班组安全 100 丛书"编委会　组织编写

中国劳动社会保障出版社

图书在版编目（CIP）数据

危险作业现场隐患事故分析精编/“班组安全 100 丛书”编委会组织编写. -- 北京：中国劳动社会保障出版社，2020

（班组安全 100 丛书）

ISBN 978-7-5167-4511-3

Ⅰ. ①危…　Ⅱ. ①班…　Ⅲ. ①安全隐患-事故分析　Ⅳ. ①X928. 03

中国版本图书馆 CIP 数据核字（2020）第 114066 号

中国劳动社会保障出版社出版发行

（北京市惠新东街 1 号　邮政编码：100029）

*

北京市艺辉印刷有限公司印刷装订　新华书店经销

880 毫米×1230 毫米　32 开本　8. 5 印张　200 千字

2020 年 9 月第 1 版　2020 年 9 月第 1 次印刷

定价：28. 00 元

读者服务部电话：（010）64929211/84209101/64921644

营销中心电话：（010）64962347

出版社网址：http://www.class.com.cn

“班组安全100丛书”编委会

内容简介

企业在生产过程中，有些作业危险性较大，容易发生伤亡事故，例如有限空间作业，高处作业，焊接、切割作业，起重作业，用电作业，检修作业等。在这些作业过程中如何保证作业人员的安全，一直是企业安全管理的重点和难点。本书列举了一系列危险性较大作业场所发生的事故案例，并借鉴轨迹交叉理论模式，对事故发生的原因进行了深入剖析，供企业参考、借鉴，为企业安全管理提供了新思路和新方法。

本书适用于班组在组织安全学习和安全活动中使用，也适合于对班组长、特种作业人员、新员工的安全教育和安全培训。

前言

科学技术的进步，工业化大生产应用于各行各业，机械、电子设备的广泛使用极大地提高了劳动生产率，也使得工作环境日益得到改善。然而，工业化也带来了由于工作环境越来越复杂所产生的安全问题，要么不发生事故，要么会发生更加严重的事故。因此，生产方式的进步对作业人员安全意识的提高和安全习惯的养成有更高的要求。

俗话说“安全不安全，自己管一半。”很多伤害是操作者本人引发的事故造成的。因此，管住自己违章的“手”，就能有效地减少事故的发生，减少由此给自己带来的伤害。如果每个人都能做到这一点，事故的发生率就会大大降低。另外，如果掌握了充分的安全知识和避害技能，即使遇到了事故，也能有效地采取合理的措施，减少甚至避免伤害的发生。从这个角度讲，“安全不安全，自己管一半”可以改为“安全不安全，自己说了算”。

大量事实表明，许多刚参加工作的人员非常重视工作技能的学习，但却忽视安全知识的掌握，非得经历一次事故，才能真正明白安全生产的重要性。但是，一次安全生产事故有可能导致非常严重的后果，甚至使人遗憾终身。因此，企业一定要贯彻“安全第一、预防为主、综合治理”的方针，督促员工学习安全生产知识和技能，养成遵章守纪、不自作主张的良好习惯，确保安全生产，从而保障企业、员工的切身利益。

“班组安全 100 丛书”以案例的形式从事故预防的角度教育企业负责人和作业人员从以往发生的事故案例中吸取教训，从而提高安全生产意识，以免重蹈事故伤害的覆辙。

“班组安全 100 丛书”共有十三个分册，分别是：

《班组安全管理经验和方法精编》《违章违纪与操作失误事故分析精编》《危险作业现场隐患事故分析精编》《设备设施潜在隐患事故分析精编》《生产班组亲历事故教训精编》《机械制造企业班组安全生产事故分析精编》《冶金企业班组安全生产事故分析精编》《矿山企业班组安全生产事故分析精编》《道路交通运输企业班组安全生产事故分析精编》《化工企业班组安全生产事故分析精编》《建筑企业班组安全生产事故分析精编》《企业负责人安全生产责任分析与事故预防精编》《企业管理人员安全生产责任分析与事故预防精编》。

丛书案例均选自真实发生的生产事故，有的还来自当事人的自述，按照企业培训和员工自学的使用要求进行分类，经过精心编排，具有很重要的参考意义，适合企业对员工的安全生产培训，有助于员工安全生产意识的提高。

编者

2020 年 9 月

目录
CONTENTS

一、有限空间作业现场事故/1

1. 进入脱硫塔内清理塔底硫膏导致中毒/1
2. 炉火工发现管道堵塞擅自进行疏通作业导致中毒/5
3. 未办理审批手续进入氧化尾气催化反应器发生窒息/7
4. 班长不听劝阻冒险进入釜内清除杂物导致中毒/10
5. 高浓度硫化氢气体经管道回窜至抽滤槽导致人员中毒/13
6. 发酵罐产生二氧化碳气体致入罐清洗人员窒息/16
7. 除渣作业人员盲目进入窑炉内清理炉渣导致中毒/18
8. 违反规程进入醪塔拆除塔板作业发生闪爆/21
9. 糖浆液长时间发酵产生有毒有害气体致人员中毒/23
10. 救援人员盲目施救吸入污泥池有毒气体导致中毒/26

11. 道路测量作业过程中进入井内人员缺氧窒息死亡/29
12. 电缆橡胶套燃烧产生有毒有害气体致人员中毒窒息/32
13. 不听劝阻盲目进入热力井作业导致人员中毒窒息/35
14. 敷设井下电缆停止风机送风导致施工人员中毒/38
15. 贸然进入地下污水井捡拾编织袋人员中毒窒息/41
16. 不了解阀门井是否存在有毒有害气体盲目入井致中毒/44
17. 进入污水池作业发生中毒和窒息/47
18. 酒楼清理污水池作业人员和救援人员中毒/50
班组应对措施和讨论/52

二、高处作业现场事故/57

19. 高处作业人员安全带自锁器不符合要求不慎坠落/57
20. 澄清池斜管支架吊装作业人员不慎高处坠落/60
21. 作业不戴安全帽坠落时头部撞到钢筋头导致伤亡/62
22. 没有系挂安全带搭设脚手架致高处坠落/64
23. 在卸船机驾驶室顶部进行补漏作业发生高处坠落/66
24. 高处作业安全绳被彩钢瓦割断发生高处坠落/69
25. 脚手架上作业没有使用安全绳导致高处坠落/72
26. 松开安全带抽动被屋面瓦压住的木方致高处坠落/74
27. 施工人员未戴好安全帽就组织施工致高处坠落死亡/76
28. 未使用安全带脚下木质跳板滑落导致高处坠落/78
29. 车间改造工程人员疏忽大意判断失误致高处坠落/80
30. 未系安全带在拆除反顶脚手架作业时高处坠落/82
31. 未采取可靠的安全措施从屋顶采光板处坠落/85

32. 在锅炉房顶行走因彩钢板支撑力不够致高处坠落/88
33. 钢筋焊接作业未使用安全带从脚手架坠落/90
34. 风电场下塔时不用安全滑块儿锁定钢丝绳致高处坠落/93
35. 安装避雷针过程中未使用安全带发生高处坠落/95
36. 在桁架平放时移动脚手架失稳侧翻致人员高处坠落/97
37. 外墙清洗作业未使用防止绳索磨损的衬垫致人员坠落/99
38. 外墙清洗作业未将安全带自锁器安装好致高处坠落/101
班组应对措施和讨论/103

三、焊接、切割作业现场事故/109

39. 焊接钢管产生火花引发罐体内沼气爆炸/109
40. 焊接作业焊渣掉落脱硫塔内引燃易燃材料/114
41. 动火作业前未清理现场地沟内油品引发火灾/118
42. 维修人员在塔体底部锥体上焊接作业引发粉尘爆炸/123
43. 违规在氨水箱顶部进行焊接作业引发爆炸/125
44. 进行电焊作业火花点燃酒精蒸气导致储罐闪爆/128
45. 高处焊接作业火星落入储存环己烷的储罐引发闪爆/130
46. 在危险化学品储罐区违章进行电焊作业致使储罐爆燃/132
47. 井下输油管实施焊接未对管内油气进行置换发生爆燃/136
48. 在半封闭空间切割作业导致泄漏液化气聚积爆炸/138
49. 不听劝告违章进行电焊作业点燃毛皮引发火灾/140
50. 气焊作业未使用防回火装置出现回火导致爆炸/141
51. 进行切割作业未注意观察坠落的机架砸中他人/144
班组应对措施和讨论/146

四、起重作业现场事故/151

52. 夹钳数量不足钢板起吊后滑脱造成伤害/151
53. 起重作业未注意观察现场环境导致伤害/154
54. 起重作业刮碰吊桶造成钢丝绳断裂导致人员伤亡/156
55. 吊装料盘起吊高度不够碰撞到其他料盘物体发生打击事故/158
56. 起吊过程中吊挂不牢致使玻璃箱脱落倾倒/160
57. 施工人员违规进入吊装区域内作业被失稳桁架砸伤/162
58. 起重机提升灯杆与 6 千伏电线距离过近发生触电事故/165
59. 违章用汽车起重机提升吊篮进行安装调整作业发生伤害事故/168
60. 进行吊装作业时吊点选择错误发生起重伤害事故/171
61. 在副吊钩靠近滑轮的情况下起重作业致钢丝绳断裂/173
62. 吊运物资距离高压线过近斜向拉动吊钩不慎触电/176
63. 起重机吊臂与高压线距离过近线路放电致人员触电/178
64. 在高压线下进行吊装作业忽视安全致人员触电/181
65. 站在女儿墙上指挥吊装作业被运行的料斗刮伤/182
66. 起吊高度超过缆风绳长度钢管失稳发生物体打击事故/185
班组应对措施和讨论/187

五、用电作业现场事故/191

67. 潜水泵电源线铜芯裸露被绑扎在把手上导致触电/191
68. 在配电室带电操作发生触电/194
69. 更换空气开关作业未安排监护人操作失误发生触电/196

70. 焊接作业人体触碰电焊机二次回路带电体发生触电坠落/199
71. 作业人员违反操作规程接线过程中带电作业发生触电/201
72. 装修人员在棚顶整理线路触碰裸露电线导致触电/203
73. 维修电源插座未将配电盘电源开关断开引发触电/205
74. 未戴绝缘手套违章带电操作导致触电/208
75. 多用插座电源线破损与铁梯接触漏电导致触电/210
76. 将接地开关断开失去接地保护引发感应电压触电/212
77. 违规带电作业手臂与相邻带电导线接触发生触电/215
78. 没有与带电部位保持足够的安全距离使人员触电/217
79. 在不了解高压配电室的情况下擅自进入导致触电/219
80. 作业人员违规将网线抛搭在高压线上引发触电/221
81. 洗浴中心桑拿间电加热炉电线接线错误导致火灾/223
班组应对措施和讨论/226

六、检修作业现场事故/231

82. 煤气站风冷器检修作业没有吹扫残留煤气引发爆炸/231
83. 检修蒸汽管线作业未悬挂警示牌错误送汽导致灼烫/234
84. 检修皮带支架缺乏提醒导致机械伤害/236
85. 检修装卸平台用木方代替原配安全装置发生机械伤害/238
86. 检修时斗轮突然转动导致伤害/242
87. 急于下班没有确认检修是否结束指挥试车伤人/244
88. 未搭设平台冒险在被切割的大钟上作业发生高处坠落/246
89. 检修作业未采取有效的安全防护措施发生高处坠落/248

90. 检修天窗临边高处作业未使用安全带发生坠落/250
91. 供水改造项目检修作业阀门井大量喷水致人员淹溺/252
班组应对措施和讨论/253

一、有限空间作业现场事故

有限空间（又称受限空间）是指封闭或部分封闭，与外界相对隔离，出入口较为狭窄，作业人员不能长时间在内工作，自然通风不良，易造成有毒有害、易燃易爆物质聚积或者氧含量不足的空间。有限空间内的环境受天气影响很大，特别是在夏季，空间内温度升高，各种有毒有害气体的聚积程度随之升高，贸然进入有限空间会发生人员中毒窒息事故。有限空间作业属于高风险作业，发生事故的形式多种多样，一些危害具有隐蔽性的特点，还可能有多种危害共同存在，如果不提高警惕加以注意，就有可能发生人员伤亡事故。

1. 进入脱硫塔内清理塔底硫膏导致中毒

2016 年 4 月 4 日 19 时 10 分，吉林某化工有限公司（本案例简称化工公司）发生一起生产安全事故，造成 1 人死亡，2 人受伤，直接经济损失 200 万元。

（1）事故相关情况

化工公司位于吉林省，经营范围为尿素、复合肥、掺混肥、吗啉等产品，同时经营的副产品有液氧、液氮、液氩、液体二氧化碳、氢气等。

事故发生在公司2#脱硫塔塔内清理塔底硫膏作业过程中，事故塔高27.54米，事发处人孔直径0.5米，人孔距地面3.3米，当时使用的架子高2.7米。

（2）事故发生经过

2016年4月4日16时10分，化工公司净化车间主任王某某给车间技术员纪某某打电话，告知1#脱硫塔需要检查防腐漆情况。纪某某到1#脱硫塔查看防腐漆，由于脱硫塔内部有硫膏，看不见防腐漆破损情况，需要进行处理。纪某某打电话给王某某说明了现场情况，请求对1#脱硫塔进行清洗的同时，把2#脱硫塔也一并清洗，一起检查防腐漆情况。王某某在电话中表示同意，让纪某某联系净化车间工艺副主任胡某。

4月4日16时30分，纪某某联系工艺副主任胡某说要对1#、2#脱硫塔底部防腐漆进行检查，但脱硫塔底部有硫膏，看不到破损情况，让胡某派人处理。17时，胡某到甲醇洗岗位狄某某处借来消防水带，与净化车间技术员刘某、净化车间三班班长李某、三班检修工朱某某一起到1#脱硫塔清洗硫膏。

4月4日17时40分，1#脱硫塔被清洗完毕后，李某、朱某某、刘某继续对2#脱硫塔进行清洗。18时15分，工艺副主任胡某接到刘某电话报告，朱某某在2#脱硫塔内昏迷。胡某立即赶到现场，发现李某趴在2#脱硫塔人孔处，上身探到人孔内，刘某用手拽着李某。胡某急忙跑到检修室找人救援。

这时，刘某已经将李某救出，检修工刘某某和检修班长张某某也赶到事故现场参与救人，张某某背着空气呼吸器进入脱硫塔救援朱某某，但由于脱硫塔人孔直径小，不能进入。这时有人跑回主控室，取来长管式呼吸器，刘某某佩戴长管式呼吸器进入脱硫塔内部感觉呼吸困难，于是从塔内出来。随后，张某某又佩戴长管式呼吸器进入塔内，与人孔外救援人员一起将朱某某从脱硫塔内部拽出。朱某某被救出后无任何意识，李某意识不清，刘某某自感身体不适，3 人立即被送往医院进行抢救，19 时 10 分左右，朱某某经医院抢救无效死亡。李某、刘某某被送往另一医院进行治疗。

（3）事故原因分析

1）直接原因

2#脱硫塔内存有浓度较高的硫化氢气体，清洗塔底硫膏作业属于有限空间作业，作业人员违反公司安全管理规定，未经批准擅自进入有限空间作业，并未采取有效的防护措施，在塔内清理塔底硫膏作业过程中发生硫化氢中毒。

2）间接原因

①净化车间主任王某某，工艺副主任胡某，班长李某，操作工朱某某、刘某未认真执行安全生产的相关规定。检修作业人员朱某某未按规定办理进入有限空间作业审批手续，擅自进入有限空间作业。

②净化车间主任王某某、工艺副主任胡某、技术员纪某某对有限空间作业存在的危险性认识不足，作业前未对装置进行置换通风，作业前和作业中未对作业现场有毒有害气体进行检测，违反了“先通风、再检测、后作业”的原则；工艺副主任胡某未落实专人监护，未设置安全警示标识，班长李某和检修工朱某某、刘某没有采取有效的防护措施，致使朱某某盲目进入塔内作业，造成硫化氢中毒事故。

③工艺副主任胡某在安排有限空间作业的检修人员清洗脱硫塔时，没有制定施工方案，未进行安全技术交底，没有按照公司的规定将 2#脱硫塔进行置换通风，也未与其他相连系统断开、未加装盲板进行隔离，未给 3 名工人开具施工作业票。作业负责人在作业前未辨

识危险有害因素和进行作业安全分析，未进行脱硫塔清洗和置换通风，也未办理进入有限空间作业许可证，没有指派现场监护人员，盲目布置检修作业。

④检修作业人员安全意识不强，在作业前，作业人员未制定施工方案，未办理进入有限空间作业许可证，在没有采取有效防护措施的情况下，盲目进入脱硫塔内进行作业，造成人员中毒。

（4）事故教训和相关知识

按照规范的程序，进入有限空间作业前应针对作业内容对有限空间进行危害识别，制定相应的作业程序及安全措施。在进入有限空间作业许可证办理程序中，进入有限空间作业单位负责人应持有施工任务单，到直属企业上级单位办理进入有限空间作业许可证。上级单位主管安全的领导应对作业程序和安全措施进行确认后，签发进入有限空间作业许可证。施工单位负责人应向施工作业人员进行作业程序和安全措施的交底，并指派作业监护人；上级单位与施工单位现场安全负责人对有限空间作业的全过程实施现场监督。

事发单位进入有限空间作业审批程序太草率，电话里决定了清洗1#、2#脱硫塔作业，对于由谁负责、由谁操作、由谁监护等工作，都没有进行交代。这样混乱的安全管理，发生事故不足为奇。

针对这起事故和事故暴露出来的问题，事故调查组提出如下事故防范和整改措施：事发公司要认真吸取事故教训，举一反三，查找不足，落实企业主体责任，做到安全责任到位、安全投入到位、安全培训到位、安全管理到位、应急救援到位，严格管理，规范安全操作规程，提高人员的安全技能，提高全体员工的风险辨识和应急处置能力，提升全员的安全生产意识。要严格执行有限空间作业等各类危险作业制度，作业前必须按规定要求开展风险辨识，办理审批手续，落实各项安全措施，加强直接作业环节安全监督与检查。

 2. 炉火工发现管道堵塞擅自进行疏通作业导致中毒

2013 年 3 月 29 日 8 时左右，魏县某化工原料有限公司（本案例简称化工公司）在排除二硫化碳冷凝管道堵塞故障中发生人员中毒窒息事故，造成 3 人死亡、2 人轻伤，直接经济损失约 200 万元。

（1）事故相关情况

化工公司经营范围为木炭、二硫化碳生产和销售。2009 年 6 月公司进行改造，经营范围由原来的木炭、二硫化碳生产和销售变更为木炭销售。

（2）事故发生经过

化工公司共有南北纵向布置呈一字形的两条二硫化碳生产线。事发当日上午，北炉（北部生产线）自南向北第 3 个脱硫器至二硫化碳冷却器之间的管道发生堵塞。8 时左右，当班炉火工孙某某爬上冷却水池池壁（距地面高约 1.6 米，水深约 2 米），打开堵塞管道疏通口泥土封堵，对管道进行疏通作业，管道中逸出的有毒气体致使孙某某中毒昏厥后掉入冷却水池中。技术员张某甲、炉火工朱某某发现孙某某落水后，在呼叫救人的同时未采取任何安全防护措施就上前施救，朱某某也中毒昏厥，掉入冷却水池前面的冷却池中，张某甲感觉有有毒气体后顺冷却池边沿跑出，中毒昏厥在冷却池北边道路上，后自行苏醒。加磺工江某发现 3 人中毒后呼唤救人。当时，在办公室的经理张某乙与正在卸煤的筛炭工郭某某、姚某某听到呼叫后，也先后赶到现场救援。张某乙、郭某某、姚某某前去施救时，同样未采取任何安全防护措施，均中毒昏厥。郭某某、张某乙掉入冷却池中，姚某某摔倒在加磺操作通道上自行爬出后昏厥在冷却池北边道路上。闻讯赶来救援的任某某等人将张某乙从水池中拉出，并将张某乙、姚某某立即送往医院抢救。

消防队接到报警后，迅速赶到现场后，将郭某某、孙某某和朱某某从水池中救出。孙某某、朱某某、郭某某先后死亡，张某乙、姚某某经住院治疗康复。

（3）事故原因分析

1）直接原因

炉火工孙某某在发现管道堵塞后没有及时向厂方报告，在未采取任何防范措施的情况下，擅自打开运行中的有毒气体管道疏通口泥土封堵，对堵塞的管道进行疏通作业，造成硫化氢、二硫化碳气体大量泄漏，吸入有毒气体后中毒昏厥跌落到冷却池中，是事故发生的直接原因。朱某某、郭某某、张某乙、姚某某未采取任何防护措施，盲目施救，先后中毒昏厥，致使事故扩大。

2）间接原因

①化工公司职工安全意识差，缺乏最基本的专业知识和自我保护能力。

②在生产过程中，公司安全防范措施不到位，缺乏必要的防毒面具等劳动防护用品。

③作业人员和进行监督、管理的人员基本救护技能和作业现场的应急处理能力较差，发生异常情况后盲目施救，措施不当，造成多人伤亡。

（4）事故教训和相关知识

化工公司是一家小企业，只有 21 名员工，安全管理和人员作业都不够规范。炉火工发现管道堵塞后，在未采取任何防范措施的情况下，对堵塞管道进行疏通作业，造成硫化氢、二硫化碳气体大量泄漏，吸入有毒气体后中毒昏厥跌落到水池中。如果是管理比较规范的企业，管理人员应该告知作业人员管道疏通作业的危险性，疏通作业应该采取的防护措施。对于救援人员也是如此，由于缺乏相关知识，在未采取任何防护措施的情况下盲目施救，结果造成多人中毒伤亡。

在化工生产和化工产品储运过程中，一线员工经常接触有毒物质，这些有毒物质对员工的生命安全和身体健康形成了威胁。正确认识毒物、了解中毒表现、预防职业中毒、掌握中毒现场急救的方法，对于防范化工生产和化工产品储运过程中的职业中毒事故具有非常重要的意义。因此，企业应加强对员工的安全知识教育，让员工了解相关知识，这对预防事故、提高生产作业的可靠性都有好处。

3. 未办理审批手续进入氧化尾气催化反应器发生窒息

2015 年 5 月 13 日 8 时 45 分左右，在中石化上海某分公司（本案例简称上海分公司）化工二部，发生一起氮气窒息死亡事故，造成 2 人死亡，直接经济损失约 262 万元。

（1）事故相关情况

上海分公司将年度设备检修、抢修，大型机组检修，装置临停消缺、抢修项目以合同的形式交由公司甲负责。公司甲将其中的零星检修工作以合同的形式交由公司乙实施。

发生事故的是上海分公司化工二部 2#苯酚丙酮装置，该装置根据上海分公司制定的 10 万吨/年苯酚丙酮装置停工方案，于 5 月 11 日 8 时 30 分开始停工，进行洗精馏塔和消缺工作。在 2#苯酚丙酮装置停工前，化工二部苯酚丙酮装置的装置长包某某、生产管理组副组长周某某、装置操作师陆某某、工艺副主任潘某某等人经商量决定，5 月 12 日，要求催化剂供应商上海某环境股份有限公司（本案例简称环境公司）派人来现场，通过设备人孔观察催化剂状态。

（2）事故发生经过

5 月 12 日上午，装置操作师陆某某在主操作室要求当天主操作工通过电脑控制系统关闭了氮气电磁阀门，但未到现场确认阀门关闭情况。5 月 12 日 10 时 30 分左右，催化剂供应商环境公司派人来到现场，对 ME721-A 设备中的催化剂进行了检查，在向包某某反馈检查情况时，提出设备底部留有白色的钠盐，建议清除。包某某因参加单位组织的体检，在上午的交班会上明确由陆某某临时负责 2#苯酚丙酮装置检修工作，13 时左右离开前通过电话将清除钠盐的工作告诉了潘某某。潘某某于当日 15 时左右在办公室内对高某布置了清除设备底部钠盐的事宜。5 月 12 日 23 时 3 分左右，因装置中尾气冷凝器出口温度上升，触发了电脑控制联锁系统，氮气电磁阀门自动打开了。

5 月 13 日 8 时 30 分左右，高某找到操作工罗某某开具设备检修作业票（编号 0403467），作业内容为“ME721（ME721-A）装人孔”。罗某某和 2#苯酚丙酮装置当班班长周某在未到现场确认的情况下，在危害识别及安全措施栏打钩后签名并签发了作业票。开完作业票后，周某带领施工人员笪某某到三层平台施工现场进行交底，之后打电话叫高某到现场，并与其进行交接后离开。

8 时 45 分左右，当周某再次回到三层平台 ME721-A 设备附近时，听到高某呼叫，同时发现高某站立在 ME721-A 设备上，身体探入人孔。周某从设备后面的钢直梯爬上去后，发现高某已经倒入反应器内。

事故发生后，周某立即拨打“120”急救电话，附近的上海分公司员工分别到五层平台、三层平台及控制室呼救。上海分公司员工佩戴空气呼吸器、系挂安全绳后，进入罐体，将高某、笪某某先后托至人孔，陆某某、周某等人在人孔处接应，同时，关闭了 ME721-A 设备的氮气下游阀。现场人员立即对高某、笪某某进行抢救。8 时 58 分，救护人员到达现场，对两人采取心肺复苏等急救措施。9 时 15

分左右，救护车将高某、笪某某送至医院。10 时 30 分左右，笪某某经急救恢复自主心跳，遂转入重症监护室。11 时 10 分，高某经抢救无效死亡。5 月 17 日 10 时 40 分，笪某某经抢救无效死亡。

（3）事故原因分析

1）直接原因

作业人员在未办理有限空间作业审批手续的情况下，进入氧化尾气催化反应器，导致事故发生。在场人员在未采取相应防护措施的情况下盲目施救导致事故扩大。

2）间接原因

①规章制度执行不力。现场作业人员安全意识淡薄，心存侥幸，未办理有限空间作业审批手续；在作业票签发过程中，生产操作人员未按规定对现场各项安全措施的情况进行确认；相关人员下达关闭氮气电磁阀门指令后，未到现场确认氮气阀门关闭情况；负责人布置生产任务时，未同时布置安全注意事项；氮气阀门被触发打开后，系统未将此信息进行记录并传递到下一班次。

②停工方案制定及审核不完善。负责人未将对 ME721-A 所进行的人孔拆卸和安装作业纳入方案一并考虑，导致现场相关技术人员与操作人员对于人孔作业情况不了解。

③风险辨识工作落实不到位。人孔拆除的目的达到后，管理人员未及时安排落实人孔安装工作，未意识到一旦触发了电脑控制联锁系统，氮气电磁阀门将自动打开，导致氮气进入催化反应器。

④安全生产责任督促落实不力。企业有关部门未有效落实安全生产责任制，未督促从业人员严格执行单位安全生产规章制度和安全操作规程。

（4）事故教训和相关知识

这起事故的发生有两个原因：一个是作业人员在未办理有限空间

作业审批手续的情况下进入氧化尾气催化反应器，导致事故发生；另一个是操作人员对设备设施不熟悉，未意识到一旦触发了电脑控制联锁系统，氮气电磁阀门将自动打开，导致氮气进入催化反应器。

针对该起事故暴露出的问题，上海分公司要举一反三，切实落实相关措施，杜绝类似事故再次发生：一是要加强对员工的安全教育培训工作，督促各级管理人员和从业人员深刻吸取违规施工、盲目施救带来的事故教训；组织员工开展各类应急演练，熟练掌握应急情况下的处置程序和方法，做到科学施救。二是要树立管生产必须管安全的理念，加强生产作业过程中各级管理人员和从业人员对规章制度的执行力，坚决杜绝作业前置审批、交接班制度等工作流于形式的现象。三是要强化对检修施工过程的全过程管控，特别是要加强对有限空间作业的安全管理工作。要将有限空间作业审批作为安全管理的红线，严禁未经审批进入有限空间作业，确保各项制度得到执行。

4. 班长不听劝阻冒险进入釜内清除杂物导致中毒

2009 年 5 月 25 日 9 时 45 分左右，浙江某化工集团股份有限公司（本案例简称化工公司）一车间北线重氮化工段在生产过程中，2 名操作工在关闭底阀时，下到反应釜中晕倒在釜里，经抢救无效死亡。

（1）事故相关情况

化工公司本部位于杭州市，主营农用化学品、有机硅材料两大产业。

事故发生在重氮反应釜中。按照生产工艺，需要在色基中先加适量水调和，再加入规定量盐酸，在低温和不断搅拌下缓缓加入亚硝酸钠，使重氮化反应完成。重氮化温度为 5~10℃，时间约 10 分钟。在反应过程中，亚硝酸钠及盐酸属于过量，因此出料后，反应釜内还存在一定量的氮氧化合物气体，由于氮氧化合物比空气重，因此这些有毒气体在反应釜底部沉积。

（2）事故发生经过

2009 年 5 月 25 日 9 时 45 分左右，化工公司一车间北线重氮化工段在生产过程中，当重氮化料液被放出后，釜中还有少量的碎冰残留物，操作班班长唐某在关闭底阀时，发现阀中有杂物（反应釜夹头）夹在阀芯中，导致底阀无法关闭。在没有按公司安全管理制度规定向车间负责人报告的情况下，唐某自己下去取杂物。此时同班的操作工高某劝他："不能下去，不能下去"。唐某说："没有关系。"唐某下到釜中，用手没能取出杂物，又叫釜口外的高某去楼下拿钳子。当高某从楼下返回时，发现唐某已经晕倒在釜里，他马上高声呼救。

正在此时，车间主任正准备从二楼到三楼去，听到呼喊声后，急忙跑上去跟着高某来到出事的釜口，看到里面有人，迅速打开真空阀门，又大喊高某："快去打开真空泵，我去拿防毒面具。"车间主任一边跑去拿防毒面具，一边在路上给常务副总经理和安全主管打电话反映情况。

公司领导过来后，发现釜中有人，马上呼叫三楼工作人员章某去拿绳子，然后拨打了"120"急救电话。

车间主任从应急柜拿了 2 套防毒面具返回，迅速戴上防毒面具往下一看，发现已经有 2 个人晕倒在釜里。这时真空泵已被打开，同时空压泵也被打开了。车间主任迅速在腰间系上绳子下入釜中，发现章某躺在釜底，一只手放在唐某的身下，章某的防毒面具已脱落。车间主任用上面扔下的另一根绳子拴在章某的腋下，在营救人员的帮助下将其拉出釜外，又用同样的方法将唐某救出釜外。章某、唐某先后被抬出车间，用车送往医院抢救，经抢救无效死亡。

（3）事故原因分析

1）直接原因

①操作工不懂氮氧化合物安全防护知识，在没有采取安全措施、组织管理措施的情况下，盲目进入氮氧化合物区域，造成中毒事故的发生。

②在事故发生后，章某不懂救护氮氧化合物中毒的常识，只知道抢救人，不知道采取安全、有效的办法，没有做到既保护自己又能抢救中毒者，使伤亡事故扩大。

2）间接原因

①由于车间主任和其他操作工对事故处置不当，没有保护好现场，盲目施救，发生第二名操作工中毒死亡。

②企业发生事故时，各个岗位责任不清，安全生产教育不到位，职工安全意识淡薄，应急能力不足。

③企业对事故应急救援工作重视不够，没有制定应急救援预案，也没有进行过应急救援演练。

（4）事故教训和相关知识

在这起事故中，操作班班长唐某要关闭底阀时，发现阀中有杂物而无法关闭，于是便要冒险进入釜内清除杂物。同班操作工进行劝阻，但是班长唐某不听。唐某麻痹大意，自恃经验丰富，认为憋着一口气迅速进出，不会发生事故，结果晕倒在釜里，由此还连累他人也受到伤害。

氮氧化合物属于有毒气体，不稳定，遇热转变为二氧化氮，二氧化氮进入呼吸道深部时形成硝酸和亚硝酸，对肺组织产生刺激和腐蚀作用，引起肺水肿，形成高铁血红蛋白，使组织缺氧，可导致吸入者死亡。这些都是企业操作人员应该知道的知识，也是企业进行安全教育和技术培训时应该强调的。唐某作为班长，理应比普通员工知道得更多一点，在预防事故上也应更加谨慎一些，但是却麻痹大意，冒险作业。这也说明企业在员工安全教育上做得还不够，还需要踏踏实实做好安全教育工作。

5. 高浓度硫化氢气体经管道回窜至抽滤槽导致人员中毒

2016 年 4 月 1 日 13 时 30 分左右，河北大名县某生物科技有限公司（本案例简称生物公司）发生一起硫化氢中毒事故，造成 3 人死亡、3 人受伤，直接经济损失约 245 万元。

（1）事故相关情况

生物公司主要经营 2，3–二氯吡啶、烯啶虫胺的生产、销售；医药、农药中间体生产技术的研发、推广服务等，有员工 20 人。

（2）事故发生经过

2016 年 4 月 1 日 9 时左右，生物公司召开全公司所有人员参加的会议，安排布置下午正式投料工作。会后 10 时 40 分左右，两名班长成某某和王某某受生产厂长陈某某指派去车间更换真空泵水箱中发红的废水。成某某和王某某首先将 3 个真空泵水箱废水抽至车间北侧的废水槽，至中午仍没有完成。12 时人们吃中午饭的过程中未开尾气吸收塔。12 时 30 分左右，当班班长成某某及当班人员回到车间，开始进行甲醇、氢氧化钠溶液的制备。12 时 47 分成某某协助操作工高某甲、高某乙加片碱，13 时 15 分指导二人滴加甲醇，然后成某某去车间外北侧给真空泵水箱加水，将抽至车间废水槽的真空泵废水（约 4 立方米）用泵排至废水池。

13 时 20 分左右，陈某某来到车间，见部分工人在休息，便安排现场人员打扫车间一层卫生。13 时 30 分左右，操作工侯某甲在打扫南大门内西侧卫生的过程中突然晕倒，附近的陈某某和操作工侯某乙看到后上前查看情况时也晕倒。在车间东部打扫卫生的员工魏某某发现这一情况后，也来到事故发生区域并闻到刺激性的味道，便急忙跑出车间呼喊救人。车间二层的 3 名女工李某某、高某甲、高某乙和在三层进行维修作业的员工刘某某发现情况后，在未戴防毒面具的情况下将陈某某、侯某乙从厂房抬至南门外空旷地带。听到呼救声赶到现场的成某某憋了一口气将侯某甲拖出。随后李某某、高某甲、高某乙相继出现中毒症状。

在厂区西南侧办公区的总经理于某某、班长王某某等知道情况后赶到现场，急忙拨打“120”急救电话求助，10 分钟后“120”医务人员赶到，发现侯某甲、侯某乙、陈某某 3 人已无生命体征，随后对受伤人员李某某、高某甲、高某乙进行了现场紧急抢救后，将 3 人送至医院救治。

（3）事故原因分析

1）直接原因

含有硫化钠的碱性废水被打入存有酸性废水的废水池中，反应释放出高浓度硫化氢气体经管道回窜至车间抽滤槽，致使在附近作业的 1 名人员中毒；施救人员在未采取任何防护措施的情况下盲目施救，导致事故扩大。

2）间接原因

①生物公司备案建设项目为 2，3-二氯吡啶生产，车间没有经有资质单位设计，后又擅自更改项目建设内容，未向有关部门提出申请，违法占地、违法建设，在未取得生产许可的情况下非法生产农药杀扑磷（属于危险化学品）。

②工艺设计不合理，存有严重缺陷，废水池废气与车间废气共用吸收塔，为事故的发生埋下隐患。含硫化氢的废水与废酸水经同一废水罐、排水泵、管道，排入同一废水池，必然产生硫化氢气体。

③生物公司未制定安全生产责任制度、安全生产管理制度和岗位操作规程，未设置专职安全员，未对员工进行安全教育、培训。

④生物公司未按规定设置硫化氢有毒气体报警系统，未配备应急救援器材等安全设施，未制定应急救援预案。施救人员在未采取任何防护措施的情况下盲目施救，造成事故伤亡扩大。

（4）事故教训和相关知识

生物公司主要设备有计量罐、反应釜、抽滤罐、氟利昂制冷机、原料储罐、废水槽、废水池、锅炉、水喷射真空泵机组、尾气吸收塔等。废水池顶部设有封闭塑料板屋顶，屋顶设有气相管线并与车间废气管线连通。废水池和车间产生的废气经尾气吸收塔吸收后排入大气。由于急于投入生产，整个生产车间无可燃气体报警仪、硫化氢报警仪等监测仪器；除简易防毒面具外，没有消防系统、正压式呼吸器、风向标、便携式灭火器等基本应急救援装备及物资。生物公司招录当地 20 人作为生产一线工人，大都为中小学学历，无化工工作背景和经验。按照规定，化工操作工一般应具有高中学历。在这种条件下，容易发生人员中毒或者火灾爆炸事故。

在这起事故中，中毒人员主要是吸入高浓度硫化氢气体中毒。我国硫化氢中毒事故数居职业性急性中毒的第二位，仅次于一氧化碳中毒。硫化氢为剧毒气体，主要经呼吸道进入，急性硫化氢中毒是在生产环境中短时间内吸入一定浓度硫化氢气体所致。硫化氢遇到潮湿的黏膜迅速溶解，并与体液中的钠离子结合，成为碱性的硫化钠，对黏膜和组织产生刺激和腐蚀作用。硫化氢低浓度时刺激眼及呼吸道黏膜，高浓度时抑制呼吸中枢，可因呼吸系统麻痹而引起“电击样”死亡。发生急性硫化氢中毒事故的作业场所多为空间狭窄、未采取有效的通风措施的区域。一旦发生事故，现场抢救者应佩戴供氧式防毒面具，迅速将中毒者移至空气新鲜处，保持呼吸道畅通，呼吸停止者应立即予以人工呼吸。

在这起事故中，由于企业员工缺乏安全施救知识，救援人员在未采取任何防护措施的情况下盲目施救，导致事故扩大。相关企业要吸取事故教训，居安思危、未雨绸缪，应该按照规定编制应急预案，提高应急能力。

6. 发酵罐产生二氧化碳气体致入罐清洗人员窒息

2017 年 6 月 19 日 13 时 30 分，武汉某生物工程有限公司（本案例简称生物公司），发生一起窒息事故，致 2 人死亡、1 人受伤，事故造成直接经济损失 138 万元。

（1）事故相关情况

生物公司经营范围为生物工程科技开发，饲料销售，有机肥料的生产及销售。

（2）事故发生经过

事发当日 13 时 20 分许，生物公司生产部副总经理黄某甲，带领发酵车间的黄某乙、黄某丙、胡某某在该公司发酵车间清洗 1 号发酵罐，黄某甲派黄某丙去罐内清洗，自己在发酵罐口观望，黄某丙从 1 号发酵罐铁梯爬入罐内后晕倒。发现该情况后，在罐口上方观望的黄某甲大喊在车间工作的胡某某和黄某乙赶快来救人，自己随即进入罐内也晕倒了。黄某乙和胡某某见此情景，分别也从铁梯爬入罐内进行救人，胡某某在前、黄某乙在后。因罐内底部有少许水，晕倒在罐内的黄某甲、黄某丙身上有水，很滑，救不上来，黄某乙和胡某某感觉呼吸困难，就从罐内的梯子往外爬，胡某某在前、黄某乙在后，胡某某在快爬到罐口处时倒入罐内，黄某乙拼命爬出罐外大喊其他车间的人员赶快来救人。

13 时 30 分许，公司其他人员听到呼救声赶到现场，用切割机将 1 号发酵罐切割开，将黄某甲、黄某丙和胡某某从罐内救出，并拨打“120”急救电话，将 3 人紧急送往医院进行抢救，黄某丙、胡某某 2 人经抢救无效死亡，黄某甲受伤，在医院接受治疗。

（3）事故原因分析

1）直接原因

生物公司使用食用葡萄糖和复合菌（含光合细菌、乳酸菌、酵母菌、芽孢杆菌等）利用发酵罐发酵产生水质改良剂 EM 菌，发酵过程中产生大量的二氧化碳气体。发生事故的 1 号罐虽然物料已被放净，但底部存在余料沉淀，当班员工黄某丙为清洗底部残留物，在未采取有效防护措施的情况下，进入罐内部进行清洗作业，由于罐内存在大量的二氧化碳气体造成事故，胡某某救人未采取安全措施，导致事故扩大。

2）间接原因

①工艺设计不完善。公司未对发酵过程中罐内产生的大量二氧化碳气体采用抽排至室外的安全设施，造成罐内二氧化碳气体聚积，存在安全隐患。

②公司未严格按相关规定对有限空间作业进行管理。员工在进入发酵罐清洗作业前，未对发酵罐进行清洗置换、取样分析、自然通风或强制通风，未进行票证办理等工作，导致有限空间作业不受控。

③应急救援不当。当员工黄某丙进入罐底发生危险时，其他员工未采取有效防护措施就盲目施救，造成事故扩大，同时现场没有配备针对性的防护器材。

（4）事故教训和相关知识

事故之后，专家组对同类发酵罐 4 号罐内气体取样分析，发现罐内存在大量的二氧化碳气体。

在进入有限空间作业前，为了使有限空间空气流通良好，可采取如下措施：一是打开人孔、料孔、风门、烟门等与大气相通的设施进行自然通风；二是必要时，应采用风机强制通风或管道送风等措施，管道送风前应对管道内介质和风源进行分析确认。作业前30分钟内，应对有限空间进行气体分析，分析合格后方可进入，如现场条件不允许，时间可适当放宽，但不应超过60分钟。

事发企业要吸取事故教训，严格按照国家安全生产法律法规的要求，加强作业现场安全管理，严格落实企业安全生产主体责任。要对设备和管线进行改造，将发酵罐内产生的二氧化碳气体及时排放到室外安全地点，并且在发酵车间内增设机械通风装置。要制定入罐清洗制度并对人员进行安全教育培训。要配备相应的防护器材和检测分析器材，配备测氧仪、长管式呼吸面具等器材。公司应编制生产事故应急救援预案并按期开展演练。

7. 除渣作业人员盲目进入窑炉内清理炉渣导致中毒

2014年3月14日1时10分左右，山东省某钙业有限公司（本案例简称钙业公司）年产20万吨节能环保石灰窑生产线发生一起一氧化碳中毒事故，造成3人死亡、2人受伤，直接经济损失约300万元。

（1）事故相关情况

钙业公司主要从事建筑石料用灰岩露天开采，建筑石料用灰岩、石灰加工销售，建材销售。

钙业公司石灰窑生产线在生产过程中，未充分燃烧的煤炭与石灰结块儿容易将出灰口堵塞，需人工清除。该处是个密封的空间，未充分燃烧的煤炭产生的一氧化碳气体容易在此聚积，在此处除渣作业时应执行有限空间作业安全管理相关规定，遵守“先通风、再检测、后作业”的原则，现场作业人员除了应携带便携式报警设备、佩戴劳动防护用品之外，还要有 1 人监护。

（2）事故发生经过

事发当日 0 时左右，钙业公司控制室负责 3、4 号窑炉监控操作的操作员闫某某通过监控发现 4 号窑炉内窑底炉渣已满，需要清理，就用对讲机通知除渣工田某某去清理。根据控制室指令，除渣工田某某到 4 号窑炉内出灰口处清理炉渣。大约 10 分钟后，控制室操作员闫某某通过监控看不到田某某，立刻向现场生产技术负责人唐某某汇报。唐某某考虑到可能发生事故了，就组织生产一线职工张某某、王某某、李某某等人前往救援。在救援过程中张某某、王某某、唐某某、李某某相继中毒。后续赶到现场的过磅工高某某、生产经理尚某某、实际控制人常某某等人，携带氧气袋等防护设备将中毒人员救出，并拨打“120”急救电话，救护车将田某某、张某某、王某某、唐某某、李某某送往医院抢救，田某某于 14 日 3 时左右经抢救无效死亡，张某某、王某某于 14 日 9 时左右经抢救无效死亡，唐某某、李某某病情稳定，无生命危险。

（3）事故原因分析

1）直接原因

年产 20 万吨节能环保石灰窑 4 号窑炉在运行过程中，未充分燃烧的煤炭与石灰结块儿共同下落到石灰窑底部，未充分燃烧的煤炭产生的一氧化碳气体聚积，除渣作业人员未对作业现场进行有毒有害气体检测，未正确使用劳动防护用品就进入 4 号窑炉内出灰口处清理炉渣，导致一氧化碳中毒事故发生。

2）间接原因

①违章指挥、应急救援不当。该公司未制定有限空间作业方案，

未按规定为进入有限空间除渣作业办理作业票，未安排人员实施监护，未对有限空间有毒气体进行检测，在落实有限空间作业安全规程不到位的情况下，违章指挥人员进入有限空间作业。事故发生后，生产现场管理人员盲目组织救援，施救人员不明白现场情况，未使用劳动防护用品就盲目施救，导致事故伤亡扩大。

②技术管理存在缺陷。生产技术负责人对向窑内送风、减风的鼓风机频率控制凭经验，没有经过科学论证。对未充分燃烧的煤炭与石灰结块儿时，容易产生一氧化碳气体的危害性认识不足。

③安全管理混乱。该公司安全生产主体责任落实不到位，安全生产管理制度和安全操作规程未被有效落实，执行不力；未按照标准为职工配发劳动防护用品；未对职工有针对性地进行安全教育培训；职工安全意识淡薄，对有限空间作业危险性认识不到位；职工应急救援常识缺乏，不能有效实施自救与互救。

（4）事故教训和相关知识

钙业公司年产 20 万吨节能环保石灰窑生产线采用 HCZHJ 型智能石灰烧结系统，是传统燃煤立窑和“土窑”的替代品（符合国家产业政策），运用具有国际先进水平的新型回转窑（预热器+回转窑+竖式冷却器）煅烧活性石灰以达到提高产品质量、环保节能的目的。该系统主要由窑炉、卸灰托板机、鼓风机、引风机、出灰机、物料输送系统等设备组成，生产过程中，将石灰石及煤按照一定的比例混合装入配料斗，经皮带输送机输送至提升斗，经提升机提升至窑顶后均匀倾入窑内煅烧，煅烧后生成的石灰在窑底内出口经出灰机卸灰至料口，出窑后进入封闭式传送带输送至成品灰库。

这个年产 20 万吨节能环保石灰窑生产线，技术很先进，但是存在的缺陷是，该系统在生产过程中，未充分燃烧的煤炭与石灰结块儿容易将出灰口堵塞，需要人工清除。事故的发生，在于作业人员没有遵守“先通风、再检测、后作业”的原则，也没有携带便携式报警设备，没有使用劳动防护用品，更没有人进行监护，于是导致事故的发生。

由此，钙业公司要以此次事故为教训，针对事故暴露出的问题，加强从业人员安全生产教育培训，使从业人员了解有限空间作业的危险因素，提高安全意识，自觉遵守各项安全规章制度和操作规程。公司要完善应急救援预案，精心组织演练，提高自我防范和救护能力。公司要按标准配发劳动防护用品，并监督从业人员正确使用。公司要针对石灰烧结系统出灰口处是有限空间的特点，充分考虑生产过程中容易产生的不安全因素，研究确定鼓风机送风、减风的频率等生产工艺参数和操作规程，并认真进行科学论证，排除事故隐患。

8. 违反规程进入醪塔拆除塔板作业发生闪爆

2015 年 2 月 8 日，冠县某实业有限公司（本案例简称实业公司）醪塔内发生闪爆事故，造成 3 人死亡、5 人受伤。

（1）事故相关情况

实业公司拥有危险化学品安全生产许可证，主要以小麦淀粉浆为原料，经发酵、蒸馏工序提取纯酒精。

（2）事故发生经过

事发前，实业公司全面停产进行检查维修。2 月 7 日 14 时，该公司组织对精馏装置进行蒸汽置换和水洗操作，然后分别用碱水和清水清洗装置后，停汽、停水、泄压至 23 时，拆除人孔保持通风状态。

2 月 8 日，作业人员开始对醪塔进行检修作业。8 时，公司安全环保部人员对醪塔作业区域进行检测分析，因检测仪器亏电，检测无法进行。8 时 30 分，在未完成检测分析的情况下，现场负责人带领检修人员（共8人，分2组，每组4人）分别从醪塔10米和20米平台人孔处进入醪塔拆除塔板。9时30分左右，醪塔顶部发生闪爆，事故造成3人死亡、5人受伤。

（3）事故原因分析

1）直接原因

企业对装置蒸汽置换不彻底，残余酒精蒸气或醪液发酵生成沼气与空气在醪塔内形成爆炸性混合物，检修人员进入醪塔拆除塔板时产生机械火花等点火源，引起醪塔内上部空间闪爆，导致塔顶部的除沫板坠落，砸伤塔内作业人员并致其跌落。

2）间接原因

①企业没有制定详细的检修方案，风险评价和控制措施不到位。

②人员严重违反规程进入有限空间作业。作业前没有进行全面检测，作业许可证的会签、审批和管理不严格，安全设施不完善，教育培训不到位，使用非防爆工具进行拆卸塔板作业。

③违章指挥。在未完成气体成分检测的情况下，安全管理人员曾劝告不得进行作业，现场指挥人员仍安排工人进行冒险作业，终酿惨祸。

（4）事故教训和相关知识

在这起事故中，醪塔内可燃气体的存在本可通过检测仪器检测分析出来，但由于检测仪器亏电无法使用，导致漏检，在不确定安全的情况下违章冒险组织人员进入醪塔拆除塔板作业以致事故发生。

事发企业要深刻吸取事故教训，建立和落实事故隐患产生原因分析倒查机制，研究制定整改措施，消除隐患产生的根源。要深入查找各项安全操作规程在制定和执行过程中存在的问题，定期评审并及时修订完善安全操作规程，强化对“三违（违章指挥、违规作业、违反劳动纪律）”现象的防控措施，杜绝违规操作行为。对于涉及危险化学品生产、使用、储存等多个环节的企业，要严格按照国家有关危险化学品的法律法规、标准规范要求，做好危险化学品安全生产工作。对涉及重点监管危险化学品、重点监管危险化工工艺和危险化学品重大危险源的生产装置，要完善自动化控制设施，建立健全监控体系，防止事故发生。

9. 糖浆液长时间发酵产生有毒有害气体致人员中毒

2015 年 1 月 14 日 21 时 46 分许，云南省某糖业有限责任公司（本案例简称糖业公司）发生一起较大中毒事故，造成 4 人死亡，2 人中度中毒，6 人轻微中毒，直接经济损失约 500 万元。

（1）事故相关情况

糖业公司拥有 4 家糖厂，固定资产 3 亿多元，在册职工超过千人。

（2）事故发生经过

2015 年 1 月 10 日，糖业公司因天阴下雨糖厂停榨，未处理完的剩余糖浆存放在 7 号、8 号糖浆箱，7 号糖浆箱存有半箱糖浆约 14 立方米，8 号糖浆箱存有整箱糖浆约 27 立方米。

1 月 14 日，车间主任对工作进行了安排，早班作业人员将停榨时已清洗好的 1 号到 6 号糖浆箱内锈迹去除。19 时许，中班员工将糖浆顺管道放至四楼 3 号煮糖罐内煮炼，约 21 时放完。21 时 20 分，车间副主任李某甲组织陆某某、罗某某、李某乙、韦某某、普某某 5 人到五楼清洗 7 号、8 号糖浆箱。21 时 40 分，李某乙和韦某某先进入 8 号箱，李某乙把拧下来的排污闷盖螺栓递给韦某某，韦某某将螺栓放在糖浆补给口下方的筛板上，觉得气味难闻，就走到箱子外面。李某甲看见李某乙打不开排污闷盖，叫普某某下楼去拿工具。21 时

46 分许，陆某某进入 7 号箱内，先用脚把箱底的糖浆泡沫扒开，在弯下腰准备用扳手拧闷盖螺栓时晕倒，发生急性中毒。

现场人员发现 7 号糖浆箱发生人员中毒后立即用对讲机呼叫，并进入箱内施救，车间内其他人员听到呼叫后，也相继到现场施救，事故最终造成多人中毒。其中作业人员李某甲、陆某某、韦某某和救援人员王某某 4 人，被送往医院后经确认已死亡。事故还造成 2 人中度中毒，6 人轻微中毒，同时参与救援可能接触到有害气体的 11 人也入院观察。

（3）事故原因分析

1）直接原因

由于糖浆箱排污阀门设置于糖浆箱底侧部，用闷盖和螺栓连接，位置设置不合理，排污作业时，人员必须进入箱内。作业人员未按“先通风、再检测、后作业”的要求进行作业，也未采取任何个人防护措施，导致中毒事故发生。救援人员在未采取任何个人防护措施的情况下盲目施救，造成事故扩大。

2）间接原因

①糖业公司未认真落实安全生产主体责任。公司未严格履行迁建技改项目的职业病防护设施设计“三同时”手续；主要负责人和安全生产管理人员不具备相应的安全生产管理知识和能力；未建立安全管理机构，无专职安全管理人员；三级安全教育流于形式且无考试记录，职工安全意识、安全知识和安全技能不足。

②糖业公司安全管理制度不健全，制度缺失较多。公司没有安全教育培训管理制度、职业健康管理制度、隐患排查管理制度、“三同时”管理制度、作业安全管理制度、危险源管理制度、特种设备安全管理制度、安全会议制度等基本的安全管理制度。

③糖业公司安全操作规程未覆盖企业所有工作岗位。公司未对岗

位风险进行辨识，未对有限空间作业危险源进行辨识、评估，未针对各岗位的风险特点制定相应的控制和应急措施。

④糖业公司应急预案无针对性，且不满足相关规定的要求。应急救援器材和劳动防护用品配备不足，未开展应急救援演练，员工不掌握自救互救的基本方法。

⑤糖业公司隐患排查治理不到位。公司没有建立隐患排查治理制度，没有制定隐患排查方案，定期安全检查不落实，安全检查质量不高，对存在的问题未形成闭环管理。

⑥糖业公司有限空间作业等危险作业管理不到位。公司无有限空间作业管理规定，作业前未办理有限空间作业审批手续，未进行风险分析，带班领导也未对作业人员进行安全告知。

（4）事故教训和相关知识

事故之后经调查组勘查分析，认为公司在停榨期间，残留于糖浆箱内的糖浆液携带有硫酸盐、亚硫酸盐、有机物等杂质，在多种因素作用下，经长时间发酵，产生了大量的硫化氢等混合性有毒有害气体。因硫化氢气体略重于空气，且易溶于水，沉聚于残留糖浆液及液面上一定空间内。8 号箱为整箱糖浆，在停产期间，所产生的硫化氢等有毒有害气体易扩散于空气中，而 7 号箱为半箱糖浆，液面在箱体开口 1 米以下，不易扩散。14 日 17 时 30 分开榨后，7 号残留糖浆液于 19 时 20 分至 21 时缓慢地被吸入 3 号煮糖罐内煮炼，硫化氢等有毒气体也随之缓慢下降沉积于糖浆箱底部。在未进行机械通风吹扫的情况下，作业人员未使用防护用品进入糖浆箱内作业，在用脚搅动箱底的糖浆泡沫时，大量硫化氢等有毒有害体逸出，作业人员在弯腰开启底部的排污口阀门操作时，吸入糖浆箱底部高浓度的以硫化氢为主的有毒有害气体发生急性中毒。结合作业人员的临床表现，现场采集 7 号、8 号糖浆箱残留糖浆样，对 4 名死者、2 名中度中毒者血液鉴定等方式，验证了硫化氢中毒的结论。

针对这起事故，企业要吸取教训，强化现场安全管理，特别是涉及有限空间等危险作业，必须遵守国家法律法规，把保护职工的生命安全与身体健康放在首位，坚决不能以牺牲职工的生命和健康为代价换取经济效益。公司必须坚决贯彻执行《中华人民共和国安全生产法》的相关规定，认真开展隐患排查治理和自查自改，要按标准规范设计、安装、维护和使用安全生产设施、设备。针对不同车间、不同岗位、不同职责的从业人员应加强安全教育培训，严格制定和执行安全操作规程、劳动防护制度，强化现场安全管理。此外，应对所有车间、工段进行不留死角的全面排查、检查，对所存在的危险有害因素进行全面的检测、辨识，对所有的生产工艺和设施设备进行安全评估，及时消除事故隐患。

10. 救援人员盲目施救吸入污泥池有毒气体导致中毒

2017 年 9 月 29 日 16 时左右，北京某科技股份公司（本案例简称科技公司）作业人员在顺义区某排污口应急超磁水体净化站（本案例简称净化站）内组合池体作业时，发生一起中毒和窒息事故，造成 3 人死亡。

（1）事故相关情况

北京某工程技术有限责任公司（本案例简称工程公司）主要经营水处理工程、废弃固体处理工程的施工总承包，销售机械电器设备等，系科技公司下属全资子公司，承担北京区域内的水处理市场领域产品销售、环境工程设计施工运营、技术研发及生产制造业务，管理、运营净化站所处河道的黑臭水体应急治理后期运行服务项目。公司运营管理中心见习经理刘某负责北京地区各污水处理站的日常运营；北京项目北区区域运营总负责人张某具体负责该项目的日常管理工作。事发前净化站共有 7 名作业人员，均为劳务派遣人员，站长为张某甲。

（2）事故发生经过

事故现场位于净化站西侧偏南组合池体，该池体由格栅渠、泵池、污泥池、滤液池、消力池组成。其中，发生事故的污泥池长 5 米，宽 5 米，高 4.9 米（自然地面以上 1.4 米，以下 3.5 米）。污泥池顶部东北角和西南角分别设有一个作业孔。西南角作业孔长 0.7 米，宽 0.7 米，正下方池内壁设有钢制爬梯，爬梯未延伸至污泥池底部，爬梯下方绑有木梯浸入水体。污泥池内部设有污泥螺杆泵、潜水搅拌器。事发时池内污水深度约为 1 米。

事发当日 16 时左右，净化站当班员工张某乙为防止污泥池内腐烂的木梯堵塞污泥吸泥管或影响污泥搅拌机使用，前往污泥池清理腐烂的木梯。张某乙找来员工张某丙（未当班）在污泥池顶部人孔处看护，自己在沿池内壁钢制爬梯进入污泥池过程中突然掉入池内。张某丙立即呼喊救人，随后区域运营总负责人张某、站长张某甲闻讯赶来施救。张某、张某甲二人相继入池施救并晕倒掉入池内。

16 时 22 分，消防队接报后到达现场，发现 2 名被困人员在污泥池西南角，1 名被困人员位于东北角。消防员迅速架设救援三脚架，2 名救援人员佩戴空气呼吸器展开救援，很快将张某和张某甲救出。之后，1 名救援人员从东北角作业孔进入污泥池，将第 3 名被困人员张某乙救出。经“120”医护人员现场确认，3 人已无生命体征。

（3）事故原因分析

1）直接原因

现场作业人员违规作业、救援人员盲目施救，吸入事发污泥池内硫化氢、磷化氢等毒害气体，引起急性混合性气体中毒，是造成事故发生及事故扩大的直接原因。

2）间接原因

①工程公司未建立安全生产责任制，未设置安全生产管理机构、未配备专职安全生产管理人员。

②工程公司未将进入污泥池相关作业纳入有限空间作业管理，未设置有限空间作业安全警示标识；未进行必要的安全投入，未配备通风设备、检测设备、救援设备。

③工程公司现场安全管理制度缺失，未制定有限空间作业审批制度、操作规程，未制定有限空间作业应急救援预案；未落实特种作业管理规定，现场未配备有限空间作业监护人员；未开展有限空间安全培训教育，未向从业人员告知有限空间作业的危险因素、防范措施和事故应急措施，未开展有限空间作业应急演练。

（4）事故教训和相关知识

在这起事故中，现场作业人员张某乙在未检测氧气及有害气体含量、未进行强制通风、未使用个人防护用品的情况下，违反“先通风、再检测、后作业”原则，贸然进入有限空间，结果因吸入有毒气体导致中毒。事故发生后，张某和张某甲在未配备抢救器具、未采取有效安全防护措施和使用隔离式呼吸器具的情况下贸然施救，造成事故后果扩大。

事故公司要吸取事故教训，加强公司安全生产管理工作，设置安全生产管理机构或者配备专职安全生产管理人员；确保应当具备的安全生产条件所必需的资金投入，按照国家和行业标准的有关规定，为从业人员配备有限空间作业安全警示标识、通风设备、检测设备等用品，并配备必要的应急救援装备；结合企业的生产经营特点制定有限空间作业操作规程和应急救援预案，并定期开展事故应急演练；开展有限空间安全培训教育，向从业人员告知有限空间作业的危险因素、防范措施和事故应急措施；将劳务派遣人员纳入公司从业人员统一管理，对劳务派遣人员开展岗位安全操作规程的教育和培训。

 11. 道路测量作业过程中进入井内人员缺氧窒息死亡

2017 年 7 月 20 日，由某建设集团有限公司施工的北京市通州区某道路一期道路工程在进行测量作业过程中，发生一起人员缺氧窒息事故，造成 2 人死亡。

（1）事故相关情况

北京市通州区某道路一期道路工程建设单位为北京某投资发展有限公司（本案例简称投资公司），施工单位为某建设集团有限公司（本案例简称建设公司）；监理单位为北京市某监理服务中心（本案例简称监理中心），事故发生时施工单位正在从事测量、放线作业。

该道路工程 2/1#井井盖直径 800 毫米，井室形状类似十字，井室两个方向的长度均为 5.7 米，井室净高 2.0 米，在井室内 4 个边墙上均设有相同尺寸的矩形预留口，预留口长 1.86 米，高 0.48 米，预留口底边距井室内地面高 1.2 米，该井为独立纯电力井，主体由建设公司建成，之后回填至事发当日。

（2）事故发生经过

事发当日 14 时左右，测量负责人、安全员殷某某与建设公司配合人员杨某甲、单某甲、单某乙、刘某某进入事发现场，组织施工测量放线，计划在井上测量、放线后，采取明挖的方式，将 2/1#井与东侧 2#主井管道连接。14 时 30 分左右，刘某某安排完工作后离开，殷某某安排挖掘机将 2/1#井井盖打开；14 时 40 分左右，建设公司项目生产经理杨某乙、安全员贾某某到场，询问是否需要下井测量，殷某某、杨某甲表示不下井测量，杨某乙要求如下井必须先通风，然后

杨某乙、贾某某离开。

14 时 50 分左右，殷某某、杨某甲用卡尺和水平仪完成 2/1#井测量工作，实际测量结果与图纸存在 30 厘米误差；14 时 55 分左右，殷某某为了精确放线，未听杨某甲劝阻，携带卷尺下至 2/1#井井内进行核实；14 时 56 分左右，杨某甲呼喊殷某某未得到回应，发现殷某某倒在井内。杨某甲准备下井查看，单某甲让杨某甲去拿救援绳，让单某乙跑回生活区叫人、取救援设备，随后单某甲下井。杨某甲回来后呼喊单某甲未得到回应后，立即电话通知了杨某乙，然后跑去库房取鼓风机。

15 时 5 分左右，现场人员用鼓风机对井内持续强制送风，与此同时，现场人员分别拨打了“119”和“120”电话，并先后将殷某某、单某甲从井内救出，现场进行了心肺复苏急救。15 时 15 分左右，消防人员到达现场，15 时 22 分左右，“120”急救人员到达现场。经“120”急救人员抢救，最后确认殷某某、单某甲死亡。

（3）事故原因分析

1）直接原因

测量人员违规进入有限空间作业，缺氧窒息是造成此次事故的直接原因。事故发生后，盲目施救，导致事故伤亡扩大。

2）间接原因

①建设公司对测量放线人员教育培训不到位，未及时督促作业人员严格执行安全生产规章制度和操作规程，未书面告知作业人员危险岗位的操作规程和违章操作的危害。

②建设公司对作业场所危险因素、操作规程和应急措施交底不到位；未定期组织有限空间作业应急演练，未有效组织开展本单位的应急预案、应急知识、自救互救和避险逃生技能的培训活动，使有关人员了解应急预案内容，熟悉应急职责、应急处置程序和措施。

③监理中心未按照法律、法规和工程建设强制性标准实施监理，其行为违反了《建设工程安全生产管理条例》的规定。

（4）事故教训和相关知识

这起事故发生 4 小时后，事故调查组对 2/1#井内空气中有害物质进行了检测，检测结果表明井内空气中的硫化氢、一氧化碳、二氧化碳、甲烷体积分数均未超过国家标准，氧气体积分数为 13.3%，低于最低允许值。也就是说，井下缺氧是造成人员昏迷和窒息死亡的主要原因。

缺氧是指空气中的氧气体积分数低于 18%的状态。缺氧危险作业是指具有潜在的和明显的缺氧危险的各种作业。缺氧危险作业环境大致可分为三类：一是密闭设备，例如船舱、储罐、反应塔、冷藏车、沉箱及锅炉等。二是地下有限空间，例如地下管道、地下室、地下仓库、地下工事、暗沟、隧道、涵洞、地坑、矿井、废井、地窖、沼气池及化粪池等。三是地上有限空间，例如储藏室、酒糟池、发酵池、垃圾站、温室、冷库、粮仓、封闭车间或实验室等。为了预防人员缺氧导致的伤害，进入有限空间作业前，要经过申报、审批，要检测、通风，要正确使用劳动防护用品，不要盲目下井作业或施救。

事故企业应加强对建设项目的安全管理，落实安全生产责任制，进一步完善测量作业方案和安全技术措施，加强对从业人员的教育培训，督促从业人员严格执行单位的安全生产规章制度和安全操作规程，如实告知从业人员工作岗位存在的危险因素、防范措施和应急措施，全面开展事故隐患治理，落实安全管理有关规定和防范措施。在施工中，要根据不同施工阶段和周围环境及季节、气候的变化，在施工现场采取相应的安全施工措施，结合施工作业场所状况、特点、工序，对危险因素、施工方案、规范标准、操作规程和应急措施进行安全技术交底，加强有限空间作业安全检查，督促现场人员严格执行单位的安全生产规章制度和安全操作规程，定期开展应急救援演练，增强员工自救互救能力，强化日常安全检查。

12. 电缆橡胶套燃烧产生有毒有害气体致人员中毒窒息

2018 年 7 月 10 日 16 时 40 分左右，在安徽某建设集团有限公司(本案例简称建设集团）承建的全椒经济开发区某污水管网修复工程中，施工工人在管道内维修顶管掘进机摄像头时发生一起中毒窒息事故，造成 2 人死亡、1 人受伤，直接经济损失约 400 万元。

（1）事故相关情况

建设集团位于安徽省芜湖市，是以建筑业为核心、相关产业辅助发展的多元化企业集团，下属三个控股子公司，有员工约 2 000 名。

2018 年 6 月 4 日，建设集团中标某污水管网修复工程项目，签约后通过协商决定将中标项目顶管工程分包给公司甲。开工后，公司甲负责人周某某将顶管工程转包给曾经合作过的、一直干顶管工程的自然人李某某，由李某某自行组织机械设备和人员进行作业。顶管施工共有 9 人，分白班、夜班轮流作业。

（2）事故发生经过

6 月 16 日，污水管网修复工程项目开始顶管施工。7 月 10 日 6 时许，李某某带领顶管作业白班工人刘某、李某从 42 号沉井底部(距离地表约 5 米）开始，由南向北进行顶管作业。9 时 30 分左右，顶管掘进机碰到障碍物无法作业停机了，李某某通过微信将情况报告给污水管网修复工程项目部现场负责人殷某某。殷某某从附近工地赶到 42 号沉井现场，通过地表操作显示屏看到电流已达峰值（75 安培)，于是，殷某某口头要求井口作业人员撤离现场。10 时左右，殷某某调来挖掘机，顺着顶管掘进机机头的位置（由 42 号沉井往北约

72 米）进行开挖。11 时左右，挖掘机挖到地面下高压电缆，引起保护套管内的两根电缆短路，随即，地面产生剧烈振动，现场人员纷纷逃离。

殷某某经过了解，确认电缆为某管业公司 10 千伏电力专用高压线，管业公司因为电缆被挖断，已停电无法生产，要求尽快修复。于是，殷某某联系当地一专业高压班，准备维修电缆。13 时 10 分左右，高压班电工和管业公司的电工先后来到现场，看到坑下面约 3 米深处的高压电缆被烧断，地面架空电线也部分被烧坏，无法修复。在确认停电后，李某某下到坑里，清理电缆周边的浮土，直到两根电缆被清理出来。随后，殷某某去联系电力部门，准备抢修电力线路，李某某自行回到 42 号沉井。

16 时左右，周某某准备吊发电机，因为钥匙在李某某处，于是来到 42 号沉井口找李某某。周某某问在沉井口现场作业的人员李某某到何处去了，回答说到管道里去修理被损坏的摄像头了。周某某下到沉井内喊李某某，没有回音。周某某感觉出事了，赶快打电话报告殷某某，并让现场人员喊人来救人。

接到周某某的电话后，殷某某立即来到 42 号沉井，现场附近人员和挖掘机驾驶员等也赶到现场，下到沉井内，准备救人。因为管道内散发有焦煳味，殷某某两次阻止人员进去救人。随后，殷某某从起重机司机处拿来头灯，往管道里面照，发现往北约 30 米远的地方有 1 个人趴着，大口喘气，殷某某让井口的人员立即拨打“119”“120”电话求救，与此同时，让挖掘机驾驶员将北面坑里顶管掘进机吊出来，以方便救援和通风。约 10 分钟后，消防队员赶到现场，立即开展救援工作。在现场人员的协助下，消防人员先从北部坑里救出 1 人，接着又分别救出 2 人。随后，3 名伤者被抬上“120”救护车，送往医院急救。22 时左右，李某某、刘某经抢救无效死亡。

（3）事故原因分析

1）直接原因

顶管施工时，顶管掘进机遇障碍物无法继续施工，欲通过挖掘机从地面下挖排障，挖掘机挖断地下高压电缆，造成短路，引起电缆橡胶套燃烧，产生了有毒有害气体，气体通过机头进泥孔进入顶管掘进机及后面顶进的污水管道中。顶管施工人员李某某、刘某、李某在未采取安全措施的情况下，冒险进入管道内维修摄像头，导致中毒。

2）间接原因

①建设集团在未取得施工许可证的情况下擅自施工，违法分包顶管作业专业工程，以包代管，现场安全管理混乱。

②公司甲无专业工程承包资质，违法承包专业工程，未配备专职安全管理人员，未向作业人员提供安全防护用品，并且转包给自然人，以包代管，现场安全管理严重缺失。

③监理公司违规更换现场监理人员，现场监理人员无职业资格证书，监理不到位，对发现的安全隐患督促整改不力。

（4）事故教训和相关知识

在这起事故中，由于高压电缆短路引起电缆橡胶套燃烧，产生有毒有害气体，有毒有害气体进入顶管掘进机及后面顶进的污水管道中。按照一般经验判断，容易导致判断错误，误认为已经顶进的污水管道不存在有毒有害气体，这可能也是顶管施工人员冒险进入管道内维修摄像头的原因。

有限空间作业安全技术规程要求实施有限空间作业前应严格执行“先通风、再检测、后作业”的原则，根据作业现场和周边环境情况，检测有限空间可能存在的危险有害因素。检测指标包括氧浓度值、易燃易爆物质（可燃性气体、爆炸性粉尘）浓度值、有毒气体浓度值等。未经检测，严禁作业人员进入有限空间。实施有限空间作业前和作业过程中，可采取强制性持续通风措施降低危险，保持空气流通。严禁用纯氧进行通风换气。施工公司应为作业人员配备符合国家标准要求的通风设备、检测设备、照明设备、通信设备、应急救援设备和个人防护用品。当有限空间存在可燃性气体和爆炸性粉尘时，检测、照明、通信设备应符合防爆要求，作业人员应使用防爆工具，配备可燃气体报警仪等。

13. 不听劝阻盲目进入热力井作业导致人员中毒窒息

2017 年 6 月 15 日 14 时 15 分左右，青岛某建筑劳务有限公司（本案例简称建筑劳务公司）在施工中发生一起人员中毒窒息事故，现场人员进行施救时导致事故扩大，造成 1 人死亡、1 人受伤，直接经济损失 120 万元。

（1）事故相关情况

建筑劳务公司主要经营建筑工程劳务分包，一般低压管道维修等。公司具备砌筑作业劳务分包壹级，钢筋作业劳务分包壹级，水、暖、电安装作业劳务分包等资质。

事发前青岛某热电有限公司第二热力公司（本案例简称二热公司）把所辖各换热站及管网抢修工程发包给了某市政园林公司（本案例简称园林公司），质保期限为两年。园林公司承揽该工程后，把劳务作业发包给了建筑劳务公司，双方约定：三级安全教育、设备设施配备等由建筑劳务公司负责；施工组织设计、安全技术方案、安全防护措施等，建筑劳务公司按园林公司的规定执行。

事故现场位于市北区某热力井内，热力井深约 3.5 米、井口直径约 0.7 米。事故发生时，井底尚存约 5 厘米深的积水和少量淤泥。该热力井日常处于封闭状态，进出口狭窄，且未被设计为固定工作场所，属于易造成有毒有害物质聚积的市政公用设施。

（2）事故发生经过

6 月 15 日 13 时左右，建筑劳务公司施工员张某某带领该单位劳务人员王某某、徐某某到达事故热力井附近，与二热公司巡线员赵某某、姜某某以及园林公司安全员丁某某汇合。王某某、徐某某打开热力井盖后，张某某、丁某某因故离开。离开前，张某某叮嘱王某某管好徐某某，不要盲目作业，要听从指挥。热力井自然通风约 35 分钟后，赵某某在井口进行通风效果检查，此时徐某某欲下井进行检查维修，赵某某闻到井内仍有气味后，便阻止徐某某下井，并让王某某到车上取检测设备，但徐某某不听劝阻，在未使用空气呼吸器、安全带和安全绳等防护用品的情况下执意下井。徐某某下到井底往里面走了几步，因人的走动使井底污水和淤泥中聚积的有毒气体挥发了出来，闻到气味的徐某某在准备返回的过程中晕倒。赵某某、姜某某发现后立即分别拨打“119”“120”电话，同时上报二热公司巡线副所长周某某，并通知了施工员张某某。在这一过程中，王某某未使用防护用品自行进入井内进行施救，受井内有毒气体的侵害也晕倒在井底。此时，赵某某、姜某某不敢贸然下井救援。14 时 10 分左右，消防救援人员赶到现场把王某某、徐某某救出热力井。王某某经抢救无效死亡。

（3）事故原因分析

1）直接原因

①违规作业。徐某某在未进行检测、未使用防护用品的情况下，不听从指挥、盲目下井进行有限空间作业，导致受井内污水和淤泥中聚积的有毒有害气体侵害造成昏迷。

②违规盲目施救。王某某在未使用防护用品的情况下，自行、紧急进行有限空间应急救援，受井内污水和淤泥中聚积的有毒有害气体

侵害后昏迷，经抢救无效死亡，造成事故扩大。

2）间接原因

①建筑劳务公司有限空间作业安全生产主体责任落实不到位，安全管理不力、教育培训不到位、劳动防护用品和设备设施使用不到位。

②建筑劳务公司对劳务人员遵守劳动纪律、服从管理人员指挥等方面缺乏有效的约束手段，导致发生不听从指挥、盲目下井进行有限空间作业这一行为。

③施工员张某某作为有限空间作业现场负责人，工作时间脱岗。建筑劳务公司有限空间作业现场安全管理制度规定，有限空间作业前须对环境空气进行检测，在确保安全的情况下，方能下井进行有限空间作业。但张某某脱岗行为导致对该单位劳务人员的劳动纪律管理缺失，导致该单位有限空间作业和应急救援盲目、无序、违规。

④建筑劳务公司对劳务人员的安全培训不到位。公司未严格遵守“严禁教育培训不合格人员上岗作业”的规定，而是以作业前开会强调安全作业等形式代替教育，导致劳务人员未对有限空间作业以及有限空间应急救援的危险引起足够的重视。

⑤建筑劳务公司虽然配备了必需的个人防护用品，但存放在机动车内，未放置于作业现场随手可用的位置。

（4）事故教训和相关知识

事故调查组经现场勘查，对热力井内环境进行了分析：发生事故的热力井毗邻某蔬菜副食品批发市场，市场内销售动物肉类以及鱼、虾等海产品，日常冲洗地面时含有有机物质的废水流入长时间处于封闭状态的热力井中，有机物质在众多厌氧细菌的作用下产生了含有一氧化碳、硫化氢、氨气等成分的沼气。事故发生前一天作业人员使用机械设备进行了降水处理，事故发生当天作业人员打开井盖进行了

35 分钟左右的自然通风。

应该说，为了预防人员中毒窒息事故，建筑劳务公司为劳务人员配备了安全帽、安全带、安全绳等劳动防护用品，现场配备了气体检测仪、隔离式防毒面具等设备，所做的准备还是比较充分的。作业人员出现失误的地方有两个：第一个失误是尽管建筑劳务公司施工员和两名劳务人员到达现场后打开了井盖，进行了约 35 分钟的自然通风，但是作业人员下井前，未按操作规程用工具搅动泥水，使污泥中所含的气体被充分释放；另一个失误是一名作业人员不听劝阻急于下井，以后又有一名作业人员未佩戴隔离式防毒面具就下井救人，结果导致中毒。所以，这起事故被认定为是一起从业人员违规作业，相关单位安全管理、安全教育不到位导致发生中毒和窒息受伤事故后，盲目施救造成事故扩大的生产安全责任事故。

相关单位应认真吸取事故教训，举一反三，严格落实安全生产法律、法规和标准规范，落实企业安全主体责任，加强安全监督管理，尤其是要加强地下管道井等有限空间作业的安全监管工作。要加强从业人员安全教育培训，增强从业人员遇到突发事件的应急处理能力，确保安全培训教育工作落到实处。

14. 敷设井下电缆停止风机送风导致施工人员中毒

2014 年 1 月 11 日 10 时左右，在昌平区超前路，北京密云某水电技术开发总公司（本案例简称水电技术开发公司）在为某能源集团股份有限公司（本案例简称能源集团公司）敷设井下电缆作业过程中发生事故，造成 5 人死亡。

（1）事故相关情况

水电技术开发公司具有送变电工程专业承包叁级资质和建筑施工

安全生产许可证，承装、承修、承试四级资质。

事发前能源集团公司与水电技术开发公司签订了电力工程施工合同，敷设井下电缆为合同的一部分。后来，水电技术开发公司副总经理单某某以 15 元/米的价格将敷设井下电缆工作交给王某某。双方口头约定，由王某某负责组织人员进行井下电缆敷设，由水电技术开发公司负责井上电缆的运送、管沟气体的检测和通风。

（2）事故发生经过

需要敷设的井下电缆长约 900 米，要从几个电缆井通过，每段敷设 2 根电缆。电力管沟高 2 米，宽 2.2 米，管沟上部距地面 1.8 米。1 号、2 号、3 号、6 号井之间存在污水，水深 30~80 厘米（中间深，两头浅），水面上有白沫和蒸汽，并伴有明显的刺鼻、刺眼的酸臭气味。在距 3 号井西侧 95 米处，有一根直径为 60 厘米的市政雨水管垂直穿过管沟，雨水管与管沟南、北墙壁交界处有褐色污水流入管沟。

1 月 10 日晚，为了准备实施井下电缆敷设作业，王某某组织了社会人员共计 41 人。1 月 11 日由水电技术开发公司安排自己单位施工人员共计 18 人，与王某某组织的 41 名施工人员共同实施电缆敷设作业，其中井下作业人员共计 31 人。

1 月 11 日 6 时 40 分至 7 时，水电技术开发公司人员对 2 号井进行了机械通风，对 3 号井进行了有毒有害气体检测。检测内容为硫化氢、一氧化碳、甲烷和氧气含量情况，检测结果未显示异常。

7 时至 9 时 50 分，施工人员完成了从 3 号井向 2 号井第一根电缆的敷设，第二根电缆敷设即将完成。这时，井下人员反映太冷，水电技术开发公司人员于是关闭了 2 号井口风机。9 时 50 分至 10 时 10 分，3 号井到 2 号井之间先后有 7 人晕倒在水中，其中距离 2 号井 20 米左右有 1 人、距离 2 号井 80 米左右有 5 人、距离 3 号井 90 米左右有 1 人。10 时 18 分，水电技术开发公司人员重启了 2 号井口风机。

10时30分，晕倒的7人均由其他现场作业人员救出并由“120”急救车送医院抢救。事故发生后，有4人经抢救无效当场死亡，1人于12日下午死亡，2人于数日后康复。另有11人出现明显不适症状，于11日住院检查、治疗，于14日晚出院。

公安司法鉴定中心对死亡人员的鉴定意见为：吸入有毒有害气体中毒后倒入水中溺水死亡。

（3）事故原因分析

1）直接原因

导致事故的直接原因为：违规施工、违章指挥、冒险作业，导致施工人员急性混合性气体中毒溺水死亡。

经检测，电力管沟污水和空气中含有乙醇、乙酸、乙醛、丙酮等多种化学物质。专家根据检测报告进行分析论证，结论为：管沟内有毒有害气体来自沟内污水。如果人员短期内大量吸入上述物质，可出现中枢神经系统抑制作用和呼吸系统损害作用。事故造成的人员伤害为急性混合性气体中毒，淹溺是死亡的协同因素。

2）间接原因

①水电技术开发公司施工现场安全管理缺失。公司未向电力管沟运行管理部门办理相关审批手续擅自进入施工，在发现管沟内存在明显的刺鼻、刺眼的酸臭气味的情况下，违章指挥施工人员冒险下井作业。

②水电技术开发公司将井下敷设电缆工程交给王某某个人，未对作业人员进行安全教育培训和安全技术交底。公司安全管理混乱，各部门安全生产责任不清。

③能源集团公司缺乏对下属公司安全管理监督检查制度，对下属公司安全管理不到位；对下属公司工程项目安全检查不到位，未能发现下属公司在项目施工过程中违法违规行为。

（4）事故教训和相关知识

这起事故的发生有几个因素：一是水电技术开发公司将井下敷设电缆工程交给王某某个人，未对施工作业人员进行安全教育培训，在施工前未对施工人员进行安全技术交底，未告知有限空间作业的特点和危害性、预防措施、安全操作规程和应急救援措施等。二是现场安全管理混乱，未明确各部门的负责人，岗位安全生产责任不清，对工程项目的安全管理和职责分工只是临时口头指定，缺乏系统的管理程序。三是水电技术开发公司安全管理制度不健全，未制定有限空间作业管理制度和操作规程、事故隐患排查管理制度、安全管理制度、应急救援预案等。四是水电技术开发公司管理人员发现管沟内存在明显的刺鼻、刺眼的酸臭气味，未按有关规定要求对井下气体进行检测。五是水电技术开发公司安全设备设施配备不全，作业现场未配备符合标准的空气呼吸器、安全带、安全绳等应急救援设备。

除了这几个因素之外，还需要注意一个细节：在作业过程中，水电技术开发公司人员一直进行机械通风，在强制通风的情况下，有毒有害气体检测结果未显示异常，而作业也十分顺利。后来，井下人员反映太冷，于是关闭了井口风机，在此之后发生井下人员中毒事故。施工时是冬季，的确很冷，如果施工现场负责人相关知识多一点儿，经验丰富一点儿，安全管理严格一点儿，能够顶住压力不停止风机送风，那么这起人员中毒事故也就有可能得以避免。

15. 贸然进入地下污水井捡拾编织袋人员中毒窒息

2014 年 9 月 1 日 14 时左右，沧州市某建筑安装工程有限公司（本案例简称建筑安装公司）高新区污水临时提升泵站项目发生一起中毒窒息事故，造成 3 死 3 伤，直接经济损失约 270 万元。

（1）事故相关情况

建筑安装公司有从业人员 20 人，经营范围为楼宇设备自控系统、保安监控及防盗报警系统、机电设备、起重设备、建筑物管道及通风设备、水暖安装等。事发前，建筑安装公司与沧州某建投公司签订工程协议书，负责沧州高新区污水临时提升泵站工程建设。

（2）事故发生经过

8 月 18 日，沧州高新区污水临时提升泵站工程开工建设；8 月 30 日，该泵站项目基本竣工。9 月 1 日上午，建筑安装公司经理孙某某安排吴某甲、吴某乙带领工人破开污水管道，将污水管道与新建的污水临时提升泵贯通。

13 时 30 分上班后，建筑安装公司工长吴某甲、木工班长吴某乙、技术员赖某某、安全员辛某某、李某某、张某甲、张某乙、张某丙等人先后来到泵站项目工地，开始清理工地、准备撤场。14 时左右，吴某乙发现泵站内污水管道流向污水井的箅子上堵有编织袋，于是自行下井清理。几分钟后，泵站外的赖某某听见泵站内传来吴某乙的呼救声，看见吴某乙在泵房西北角的井口露出脑袋，急忙跑到井边想将其拽上来，但未拉到吴某乙，吴某乙掉入泵站的污水井内。赖某某见状急忙喊人救援，并去附近放置工具的拖拉机上拿绳索，李某某、辛某某、张某甲、张某丙 4 人听到呼救声后赶到井边，先后顺着井梯下井救人。下井后，李某某、辛某某两人均昏倒在井内，张某甲的腿卡在井梯里，头朝下倒挂在梯子上。张某丙最后一个下井，到井底后想抬起张某甲，感觉头昏、呼吸困难。去拿绳索的赖某某与张某乙两人此时赶到井边，将绳索放到井中，张某丙将绳索放到腋下，半爬半拽被拉出井，出井后昏迷。采购员胡某某此时来到施工现场，见状自告奋勇系着绳子下井救援倒挂在井梯上的张某甲，下井后，发现自己头晕无力救人，于是示意井外的赖某某、张某乙将其拉出井外。

发现井内情况危险，其他工人没有再继续下井救援。

事故发生后，工长吴某甲立即拨打了“110”“119”“120”电话，并向建筑安装公司负责人孙某某通报情况。14时45分，公安、消防、医疗等人员相继赶到现场，截至15时37分，吴某乙、辛某某、李某某、张某甲4名被困井下人员相继被救出，分别被送往医院接受救治。因有中毒症状，张某丙、胡某某两名参与救援的人员也被送往医院接受救治。18时左右，辛某某、张某甲经医治无效相继死亡；9月4日2时45分李某某死亡。张某丙、胡某某、吴某乙后经治疗康复出院。

（3）事故原因分析

1）直接原因

在未对有限空间作业场所危险有害因素进行检测、未使用劳动防护用品、无人员监护的情况下，吴某乙违章进入地下污水井室，吸入有毒有害气体后中毒昏厥，是事故发生的直接原因。李某某、辛某某、张某甲、张某丙、胡某某等5人安全意识淡薄，未使用劳动防护用品先后进入地下污水井室冒险施救，致使李某某、辛某某和张某甲中毒窒息死亡，张某丙、胡某某、吴某乙中毒受伤，造成事故扩大。

2）间接原因

①建筑安装公司安全生产主体责任落实不到位，未能落实有限空间作业管理制度，未能严格督促从业人员认真执行安全管理制度及安全操作规程，未能督促从业人员在下井作业过程中使用劳动防护用品。

②建筑安装公司安全教育培训不到位，从业人员缺乏有限空间作业场所危险有害因素辨识能力，安全意识淡薄。

③建筑安装公司应急救援预案停留在纸面上，未进行过演练，从业人员缺乏应急救援和自我防护常识。

（4）事故教训和相关知识

这起事故伤亡惨重，仅仅因为几个编织袋，仅仅因为一个人的错误行为，导致严重后果。最初的错误源于缺乏相关安全知识，不知道新建污水临时提升泵站与污水管道贯通后会产生有毒有害气体，也不知道贸然下井会造成如此大的危险。所以，加强安全教育，使施工人员具有相关知识，不仅在关键时刻能够做出正确选择，也能够保护自己和他人的生命。

事故之后，调查组要求施工单位加强施工现场的安全管理，施工单位要依法依规配备安全管理人员，加强对从业人员的安全教育培训，督促工人严格执行安全管理制度及安全操作规程，并向从业人员如实告知作业场所和工作岗位存在的危险因素、防范措施及事故应急救援措施。

16. 不了解阀门井是否存在有毒有害气体盲目入井致中毒

2017 年 5 月 29 日 15 时 40 分左右，扬州市邗江区某污水泵站（本案例简称泵站）因阀门井漏水，1 名工人由于缺乏安全常识，在下井作业过程中中毒昏迷，现场 2 名管理人员由于施救不当死亡，另有 1 名参与救援的附近村民遇难。事故造成 3 人死亡、1 人受伤，直接经济损失约 403 万元。

（1）事故相关情况

泵站地上建筑 128. 71 平方米，由泵房、配电控制室及值班房组成。地下泵房泵池深 8. 65 米，平面面积 72. 2 平方米。泵站功能是解决环保产业园污水排放问题，完善城市污水收集系统。

（2）事故发生经过

5 月 28 日，泵站看护人员吴某甲跟马某某（泵站工程施工实际负责人）说阀门井漏水，要他去看一下。

5 月 29 日 14 时 30 分左右，马某某和马某（泵站工程施工期间电工、杂工）赶到泵站，吴某甲开门后把阀门井的盖板打开，让里面的气味散掉，马某让吴某甲去拿绳子，准备把绳子系在身上下井。吴某甲拿来绳子后，看到马某站在阀门井内的管道上，对马某说阀门井不深，不用系绳子了。15 时 30 分左右，马某某再一次安排马某下到阀门井下面查看哪里在漏水，马某弯腰看了一下就晕倒了，马某某立即下井把绳子系在马某身上，从井下托起马某，吴某甲在上面把马某拉了上来。突然，马某某趴倒在井底污水里。吴某甲边喊救人边取来木梯从阀门井南侧孔洞下到井底，试图把绳子系在马某某手臂上进行救援，绳子还没绑好自己也倒在了井底。

此时，泵站南侧道路上路过的村民周某某和吴某乙听到呼救声，周某某赶到泵站跳入阀门井内试图救人，却也晕倒在阀门井内。吴某乙阻止其他人继续下井施救，并拨打了求救电话。15 时 50 分左右，消防支队赶到现场，携带救援器材将马某某、吴某甲、周某某 3 人救出，但 3 人均已无生命体征。

（3）事故原因分析

1）直接原因

事后，泵站阀门井取样检测结果显示，井内硫化氢浓度高达 66.67 毫克/立方米，是国家标准最高允许浓度的 6.6 倍。

马某某在不了解阀门井内是否存在有毒有害气体的情况下，未经任何检测，违章指挥马某在没有采取任何防护措施的情况下进入阀门井作业。阀门井内积存的污水产生硫化氢等有毒气体，马某进入阀门井后污水被搅动，硫化氢等有毒气体扩散到整个阀门井中，致使马某中毒昏迷，从而导致事故发生。

2）间接原因

①泵站管理混乱。某公司中标后，将该工程转包给不具备相应建筑施工资质的马某某。使用泵站的公司，没有采取有效措施加强对有可能产生硫化氢等有毒气体的新建泵站的管理，没有明确该泵站的安全生产责任制，未将安全设备、设施和应急救援器材及时配备到位，未设置明显的安全警示标识。

②安全常识缺乏。吴某甲和村民周某某缺乏安全知识，事故发生后，在未采取任何防护措施的情况下，先后盲目下井施救，导致人员伤亡扩大。

③施工管理混乱。中标公司将泵站工程发包给不具备相应资质的个人，未按合同约定安排项目经理进行施工现场管理，以包代管，致使工程管理制度不落实，安全教育不落实，工程档案资料存在严重漏洞。

（4）事故教训和相关知识

经调查分析，该起事故因违章指挥、管理混乱引起，由于缺乏安全常识、施救不当导致事故后果扩大，是一起较大生产安全责任事故。

事故的发生，固然与施工单位非法转包工程有关，此外，更加重要的还与员工的安全管理和教育有关。针对类似事故，各相关单位要加强员工的安全培训，教育员工严格执行国家有关行业标准，坚决杜绝违章指挥、违章操作和违反劳动纪律的行为。公司应突出岗位安全教育，使每名员工能了解、熟悉本岗位的职业危险有害因素和防护技术及救护知识，并正确使用个人防护用品。特别是在进入管道、密闭空间、井下等有限空间场所作业时，要严格履行作业审批制度，严禁擅自进入有限空间作业，严格执行“先通风、再检测、后作业”程序，并配备个人防护装备，设置安全警示标识，严禁无防护、监护措施进行作业，确保重点环节和重点部位的作业安全。

 17. 进入污水池作业发生中毒和窒息

2017 年 5 月 16 日 11 时左右，北京某环境卫生服务有限公司（本案例简称环境卫生服务公司）工人在某空调机房污水池作业过程中，发生一起中毒和窒息事故，造成 1 人死亡，2 人受伤。

（1）事故相关情况

环境卫生服务公司主要经营普通货运、环境保洁服务、园林绿化服务等。

2016 年 11 月 23 日，环境卫生服务公司与甲方公司签署协议书，约定环境卫生服务公司为甲方公司提供以下服务事项：化粪池、隔油池清掏；积水井、雨水井清掏清底；污水管线、油污管线、雨水管线疏通服务；垃圾清运服务。合同签署后不久，环境卫生服务公司工人按照协议进入事发污水池进行清掏作业。次年 3 月 3 日，环境卫生服务公司工人再次进入事发污水池进行清掏作业，并更换了提升泵的 2 根链条。

（2）事故发生经过

2017 年 5 月 14 日，甲方公司物业部空调水暖专业主管汤某某电话安排环境卫生服务公司作业队长李某某到事发地实施清掏疏通作业。事发当日 8 时 40 分许，李某某带领温某某等 3 名作业人员到达事发地，开展垃圾清运和清掏作业。10 时许，汤某某带领李某某等 4 名作业人员前往事发地地下二层空调机房。汤某某启动水泵对事发污水池进行抽水，约 30 分钟后水面降至池底。确认 1#泵损坏后，汤某某要求李某某提升 1#泵并检查入水口情况。因水泵过重，李某某等人未能将 1#泵提升。汤某某随即要求更换 2#泵受损的提升铁链。在

未对污水池进行强制通风、未进行气体检测、未配备个人防护用品情况下，温某某腰系绳索从污水池顶部入口进入，沿污水池内侧爬梯下至池底。温某某在更换 2#泵提升铁链过程中晕倒。作业人员发现温某某晕倒在池底后，李某某在未配备任何个人防护用品的情况下，进入污水池施救时晕倒。汤某某安排人员拨打急救电话，组织现场人员救援，并向公司领导报告现场情况。闻讯赶来的甲方公司员工康某腰系绳索进入污水池救人，发生昏迷迹象后被救出。其后，救援人员使用风扇对污水池实施强制通风，并开启水泵持续抽水。

甲方公司员工任某某拨打“119”电话后，带领 4 名员工携带救援装备到场展开救援。任某某在污水池口呼喊池内晕倒人员，将绳索放至池底。李某某听到呼喊声后自行苏醒站起，将昏迷的温某某用绳索捆绑，由救援人员拉拽绳索救出。李某某自行沿梯子爬至污水池入口，救援人员将其拉出污水池。急救人员到达现场对温某某、李某某、康某进行急救后送往医院救治。5 月 19 日 20 时 42 分，温某某经医治无效死亡，康某、李某某经住院治疗康复后先后出院。

（3）事故原因分析

1）直接原因

李某某在未检测氧含量及有害气体、未进行强制通风、作业人员未使用个人防护用品的情况下，安排现场作业人员温某某进入有限空间作业。事故发生后，李某某、康某在未采取有效安全防护措施和使用个人防护用品的情况下贸然施救，造成事故后果扩大。

2）间接原因

①环境卫生服务公司未落实有限空间隔油池积水井清掏安全生产责任制，未对作业人员进行安全教育，清淘作业监护人员未取得有限空间作业操作证。

②环境卫生服务公司对作业人员未配备有限空间气体检测仪器，

未严格履行“先通风、再检测、后作业”的原则，作业前未检测有限空间气体成分，未采取充分的通风换气措施；未落实隔油池积水井清掏（有限空间）应急预案，未针对有限空间作业开展应急演练；环境卫生服务公司主要负责人不具备与本单位所从事的生产经营活动相应的安全生产知识和管理能力。

③甲方公司未对环境卫生服务公司的安全生产工作统一协调、管理，未与环境卫生服务公司签订专门的安全生产管理协议；未将事发污水池纳入有限空间安全管理，并在其上设置明显的安全警示标识。

（4）事故教训和相关知识

事故之后，调查组对事故现场进行勘查，发现以下情况：事发污水池位于地下二层空调机房内，主要功能为收集各化粪池、隔油池、污水池污水，排入市政污水管道。污水池长 4.0 米、宽 3.5 米、高 3.0 米，与进出污水管道相连，池底南侧由东向西并排安装 1#、2#、3#污水泵，污水泵提升铁链上端固定在污水池入口处、下端与泵顶相连。污水池南侧外壁设爬梯，顶部设有 3 个方形入口。入口下方池体内壁设有爬梯。经查，5 月 3 日污水池 1#泵出现故障无法正常运行。

在污水池、发酵池等地方，通常氧含量不足，硫化氢、一氧化碳、二氧化碳、乙苯、对二甲苯、邻二甲苯等有毒有害物质易聚积，容易导致作业人员发生中毒窒息事故。所以，在这些地方作业前需要进行检测、通风、空气置换。这起事故与违章指挥、违规作业、盲目施救直接相关，作业前不检测、不通风，导致现场作业人员吸入硫化氢和挥发性有机物气体，发生事故后又盲目施救，差点儿导致更多人员中毒和伤亡。

事故调查组针对该起事故暴露出的问题，对事故单位提出如下整改建议措施：一是环境卫生服务公司应当按照法律法规的相关要求，建立健全有限空间作业安全生产责任制、规章制度和操作规程，建立有限空间作业审批制度；配备有限空间作业气体检测仪器、隔离式呼吸保护器具等作业装备，为作业人员配备劳动防护用品，并监督作业人员按照使用规则使用；对作业人员进行安全教育，清淘作业监护人员必须取得有限空间作业操作证；完善有限空间相关应急预案并开展应急演练。二是甲方公司要开展作业场所危险因素辨识、有限空间作业隐患排查治理工作，将管理区域内所有的污水池、井纳入有限空间管理，张贴警示标识；建立有限空间作业安全生产责任制、规章制度和操作规程，制定有限空间作业审批制度和应急预案，开展有针对性的应急演练；加强企业负责人和管理人员安全生产培训，使之具备与本单位所从事的生产经营活动相应的安全生产知识和管理能力；签订专门的安全生产管理协议，并约定各自的安全生产管理职责。

18. 酒楼清理污水池作业人员和救援人员中毒

2017 年 9 月 16 日 11 时 30 分左右，昌平区北京回龙观某酒楼（本案例简称酒楼）员工在地下一层东侧污水泵房内清理污水池时，发生一起中毒和窒息事故。事故造成 2 人死亡、1 人重伤。

（1）事故相关情况

酒楼为三层临街商业用房，位于北京市昌平区回龙观镇，实际营业面积 536 平方米。其中，地上两层用于酒楼经营；地下一层设有厨房操作间、卫生间、员工宿舍和东西两个污水泵房。发生事故的污水池位于地下一层东侧污水泵房内，通过管道与室外排污井相连。该污水池长约 5 米、宽约 1.2 米、深约 1.8 米，顶部设有长 1.3 米、宽 0.9 米的水泥盖板，池底设有两部污水提升泵。经现场勘验，事发时池内污水深度约 0.7 米，池内遗留一架橘红色铁梯支搭在池口西侧，池底东侧提升泵损坏，与东侧提升泵相连的管道已经锈蚀破损。

（2）事故发生经过

2017 年 9 月 16 日 11 时 20 分左右，酒楼配菜工曾某某前往地下一层东侧污水泵房清理污水池。11 时 30 分左右，酒楼负责人蒋某与酒楼员工苏某某寻找曾某某，发现地下一层东侧污水泵房内污水池的水泥盖板被打开，曾某某晕倒在污水池内。蒋某进入污水池施救，晕倒在池口铁梯上。苏某某立即呼喊切肉工石某救人。石某赶到后进入池内救援，也晕倒在污水池内。领班伍某某听到苏某某呼救后到达现场，安排其他员工拨打“120”急救电话。11 时 37 分，医护人员到达现场，告知店员拨打“119”电话。11 时 54 分，消防人员赶到现场，先后将斜靠在铁梯上的蒋某和晕倒在池内的曾某某、石某依次救出。曾某某和石某被送往医院抢救，经抢救无效死亡。蒋某经救援中心抢救后，转至医院接受治疗。

（3）事故原因分析

1）直接原因

人员违章作业、盲目施救是造成此次事故的直接原因。事发现场污水池存在大量超标毒害气体。

2）间接原因

①酒楼未建立安全生产责任制，无任何安全管理制度，主要负责人缺乏必要的安全管理常识。

②酒楼未对从业人员进行安全生产教育和培训，员工缺乏相关知识，也不懂得如何应急处置。

③酒楼在未配备具有有限空间作业资格人员、未检测及未强制通风的情况下，长期安排员工从事有限空间作业；酒楼无有限空间应急预案；酒楼未在污水池设置安全警示标识，未将污水池纳入有限空间作业管理。

（4）事故教训和相关知识

在这起事故中，酒楼员工，包括酒楼负责人，在未对现场污水池内气体进行检测、未使用个人防护用品、未对现场进行强制通风且无人监护的情况下，违章冒险进入有限空间作业，导致作业人员吸入有毒气体后中毒。救援人员在未使用个人防护用品、未对现场检测和强制通风的情况下盲目施救，导致事故后果扩大。

事故之后，专业测试中心对现场气体进行检测，并提取污水池内的水样及气体样本进行鉴定分析，检测结果显示：事发污水池内硫化氢气体、磷化氢气体超标。同时，经公安司法鉴定中心尸体检验鉴定，曾某某、石某符合吸入硫化氢、磷化氢等有毒气体致中毒死亡的情况。

这起事故对所有酒楼、饭馆等餐饮企业都是一个提醒，作为餐饮企业应当严格落实相关法律法规的要求，建立健全安全生产责任制和规章制度；加强有限空间作业管理，开展作业场所危险因素辨识、有限空间作业隐患排查治理，将管理区域内所有的污水池、井纳入有限空间管理，张贴警示标识；建立有限空间作业操作规程，制定有限空间作业审批制度和应急预案，开展有针对性应急演练；加强企业负责人和管理人员安全生产培训，使之具备与本单位所从事的生产经营活动相适应的安全生产知识和管理能力；建立健全安全生产事故隐患排查治理制度，对存在的各类安全隐患及时排查整治。

班组应对措施和讨论

有限空间作业之所以危险性较高，主要是因为在有限空间容易聚积高浓度的有毒有害物质。

1. 有关有限空间作业典型事故案例

在一些企业生产过程中，离不开有限空间作业。进行有限空间作业的时候，如果不注意加以防范，就会发生事故。我们来看几起典型事故案例。

(1) 年轻的厂长倒在了污水泵站里

有一年4月7日，是许多人难以忘记的日子。毕业于上海某学院给排水专业的张某某，年仅26岁就已经是污水处理厂厂长了，是朋友、同事心目中的英才。再过一段日子他就要结婚了。这天一大早，他来到污水处理厂下属的一个污水泵站，当时泵站已经停止运行了好几周，集水井内聚积的污水有五六米深。9时左右，张某某叫上几名工人准备对设备进行检查。当他们关闭水泵闸门，打开水泵工作孔进行检查时，突然，几个人无声无息地倒了下去。泵站其他人员发现后，连忙一边大声呼救，一边准备投入抢救。附近的一支工程队闻讯赶来，就在抢救人员下到泵房底层救人时，又有几名抢险人员中毒倒下。所有中毒人员被救起以后，发现2人在泵房中已经身亡，3人在被送往医院途中死亡。整个事件有10人中毒，5人死亡，其中就包括那位年轻有为的张某某。

原来，张某某与工人进入泵房之前，没有将逆水阀门完全关紧(因阀门被污水中的石子卡住)，当他们卸下水泵工作孔盖时，五六米深的污水夹带着多日因腐败聚积的硫化氢气体冲入现场。事故发生几个小时以后，现场检测出的硫化氢的浓度仍然高达600毫克/立方米，超过国家卫生标准近60倍。这几个人就是因为硫化氢浓度太高，连呼救都来不及就倒了下去。

(2) 宁被停工也要保证安全

那年，李某某在班组当建筑安装管工。工程队承担施工的楼房快要交工了，可暖沟里的管道保温层上面还没刷黑色防腐冷底油，于是郭班长让李某某带几名女工用苯把沥青油稀释做防腐油刷上。李某某到现场一看，心里一惊，这项工作根本不像班长说得那样简单，不仅一时半会儿干不完，更重要的是不具备起码的安全施工条件。暖沟除了只有一个入口外，没有另外的出口用来进行空气对流。再说苯毒性太大，钻入密不透风的暖沟涂刷这种防腐材料要出事的。李某某跟班长把事情一说，班长冷冷地反问："你说怎么办?"李某某提了三点要求，一是改用其他防腐涂料；二是把暖沟另一个端点破开一个洞用作空气对流。如果不想费工费时，那只有第三个办法，严格按照操作规程，戴防毒面具进行施工。

班长是个急性子，一听火冒三丈，吼道："你这个人怎么这么多事！不想干甭干，我今天停你工。"看班长这样不讲理，李某某便不紧不慢地反驳道："宁让你停工，我也要安全!"之后，班长叫来小蔡，让他带人去干。去了不到 10 分钟，全部人马呼哧带喘地爬出暖沟，对班长说："不行，实在刷不了!"可班长的性子急又很倔，冲小蔡和几位女工说："我就不信这点儿活儿你们干不了!"然后喊道："张某，你给我下去把管子刷完就可以回家了。"张某的身体棒得跟小牛犊似的，拎起油漆桶，跳下暖沟就往里面走。可是不到 15 分钟，张某跌跌撞撞地从暖沟爬上来，眼睛好像贴了层薄膜，半晌才喘了一口气说："班长，这管实在没法刷"。就这样，班长还是不认输，自己拎起桶进入暖沟，结果晕倒在里面，要不是队长及时派人爬进暖沟把他拖出来，非出人命不可!

后来，这位蛮干的郭班长受到了批评和处罚。

2. 有限空间的危险有害因素

有限空间作业主要存在以下 3 种危害。

(1) 中毒危害。有限空间容易聚积高浓度的有毒有害物质，比较常见的有硫化氢和一氧化碳。

硫化氢是无色、有臭鸡蛋味的窒息性毒气，是一种强烈的神经毒物，对黏膜有明显的刺激作用。硫化氢在一定浓度时可发生急性中毒，浓度极高时，可发生“电击样”死亡。硫化氢密度比空气大，易沉积于坑、池、井的底部。若人员进行整治沟渠、水井、下水道以及清除垃圾、污物、粪便、有机腐败物质等作业时，则极有可能接触到硫化氢。

一氧化碳是无色、无味、无刺激性的气体，有爆炸性，是最常见的有害气体。接触一氧化碳的工作有：炼钢、炼铁、炼焦、锻造和铸造，化学工业中合成氨、甲醛、甲醇、丙酮以及草酸等。这些岗位如违反操作规程发生事故或者管道漏气，都可以使作业人员因一氧化碳浓度过高而发生急性中毒。急性一氧化碳中毒主要表现为急性脑缺氧引起的损害症状，一般轻度中毒会出现剧烈头痛、眩晕、恶心、全身乏力等；重度中毒可导致浅度、中度和深度昏迷，严重的可导致死亡。

(2) 缺氧危害。空气中氧浓度过低会引起缺氧，比较常见的有二氧化碳和惰性气体引起的氧气缺乏。二氧化碳比空气重，在长期通风不良的各种矿井、地窖、船舱、冷库等场所内部，易造成氧气浓度低，引发缺氧。另外，如氮气、氩气、氦气、水蒸气等气体也会引起氧气缺乏。工业上常用惰性气体对反应釜、储罐、钢瓶等容器进行冲洗。如果容器内残留的惰性气体过多，当人员进入时，容易发生单纯性缺氧窒息。另外，甲烷、丙烷也可以导致缺氧窒息。

(3) 其他危害。当空气中存在易燃、易爆物质时，浓度过高遇火则会引起燃烧或者爆炸。此外，在有限空间作业，还会发生坠落、溺水、物体打击、电击等事故。

3. 预防有限空间作业危害措施

预防有限空间作业危害，生产经营单位主要负责人应加强有限空间作业的安全管理。建立健全有限空间作业安全生产责任制，明确有限空间作业负责人、作业人、监护者职责；组织制定专项作业方案、安全作业操作规程、事故应急救援预案、安全技术措施等有限空间作业管理制度；保证有限空间作业的安全投入，提供符合要求的通风、监测、防护、照明等安全防护设施和个人防护用品；督促、检查单位有限空间作业的安全生产工作，落实有限空间作业的各项安全要求；提供应急救援保障，做好应急救援工作；及时、如实报告安全生产事故。

从事有限空间作业的人员，在进入作业现场前，要详细了解现场情况和以往事故情况，并有针对性地准备检测和防护器材；进入作业现场后，按照“先通风、再检测、后作业”的顺序进行通风、检测，确认安全后方可进入；对作业面可能存在的电、高温、低温及危害物质进行有效隔离；进入有限空间时应使用隔离式空气呼吸器或氧气报警仪；进入有限空间时应佩戴有效的通信工具，系安全绳；当发生急性中毒、窒息事故时，应在做好个人防护并使用必要应急救援设备的前提下，进行救援。严禁贸然施救，以免造成更大的伤亡。

4. 班组讨论

(1) 你从事过有限空间作业吗？知道有限空间存在的危险有害因素吗？是否知道消除有限空间危险的措施？

(2) 你认为消除有限空间危险有害因素的措施哪些最重要？是通风、检测还是使用个人防护用品？

(3) 如果在作业前发现准备不足，你会拒绝进行有限空间作业吗？你能说出理由吗？

(4) 如果有工友在有限空间作业过程中发生中毒倒地，你应该怎么办？你知道科学的急救方法吗？

(5) 有限空间作业容易发生群死群伤事故，当有人急于进入有限空间救人时，你会进行劝阻吗？

二、高处作业现场事故

在冶金、化工、建筑施工、机械制造等企业，都不可避免存在高处作业，有高处作业自然就存在高处作业风险和事故。高处作业坠落事故在建筑施工企业最为突出，多年来一直居建筑施工现场伤害事故之首，死亡人数占到建筑施工现场全部事故死亡人数的一半以上。这主要是因为施工人员通常需要高处作业，在高处作业的时候如果预防措施不当、人员疏忽大意，就会发生事故。在其他行业企业，虽然高处坠落事故不像建筑施工企业那么突出，但同样需要引起注意，仍然需要加强对员工的安全教育，做好安全预防措施，防止高处坠落事故的发生。

19. 高处作业人员安全带自锁器不符合要求不慎坠落

2018 年 5 月 30 日 9 时左右，某化工建设有限公司（本案例简称化工建设公司）在莲池区雪香园小区燃气工程项目施工现场，施工人员在安装天然气管道过程中发生一起高处坠落事故，造成 1 人死亡，直接经济损失约 112 万元。

（1）事故相关情况

化工建设公司主要经营石油化工工程施工总承包、建筑工程施工总承包、市政公用工程施工总承包、机电工程施工总承包等。公司有员工约 5 980 人，专职安全管理人员 216 人。

（2）事故发生经过

事发当日 9 时左右，化工建设公司工人武某某、吴某某、田某某，在保定市某小区 8 号楼 4 单元外墙安装天然气管道作业（该楼共 6 层，安装顺序是从上到下），其中工人田某某负责在楼底层系管，工人吴某某负责在 6 楼顶平台上往上拔管，武某某负责安装立管。在施工中，武某某通过座板式单人吊具下降到 5 层准备安装天然气立管时，因未使用拦腰带，作业时突然后仰从座板上滑脱。虽系有安全绳，但安全带自锁器失效，导致武某某摔落到楼下单元门口的平台上，坠落高度为 7.6 米。

事故发生后，现场人员立即展开救援，并拨打了“120”急救电话，“120”急救车赶到后，经急救人员检查，确定武某某已经死亡。

（3）事故原因分析

1）直接原因

作业人员作业时未按座板式单人吊具使用规范规定使用拦腰带，且安全带自锁器不符合相关规定要求。

2）间接原因

①武某某未取得高处作业资格证从事高处作业，属于无证上岗作业，安全意识淡薄。

②使用无标识、不合格的安全带自锁器，且未按要求进行测试，违反了相关规定要求。

③负责施工现场组织指挥工作的人员无任何施工资质，未对施工人员设备进行安全检查，盲目组织施工作业，未组织工人进行岗位

操作规程及安全操作技能等方面的安全生产教育培训，未书面告知危险岗位的操作规程和违章操作的危害，未对员工的违章行为进行制止。

④施工队负责人未对施工人员设备进行安全检查，未组织工人进行岗位操作规程及安全操作技能等方面的安全生产教育培训，未书面告知危险岗位的操作规程和违章操作的危害，未对员工的违章行为进行制止。

⑤化工建设公司承揽小区燃气工程项目后，没有向现场派出工作人员进行安全管理，未制定施工方案，技术员未向作业人员进行技术交底。

（4）事故教训和相关知识

按照规定，凡在坠落高度基准面 2 米以上（含 2 米）有可能坠落的高处作业视为高处作业。

进行高处作业时，要注意以下事项：

1）从事高处作业时必须办理高处作业许可证，落实安全防护措施后方可施工。

2）高处作业人员必须经安全教育，熟悉现场环境和施工安全要求。

3）高处作业人员应按照规定使用劳动防护用品，作业前要检查、作业中应正确使用防坠落用品与登高器具、设备。

4）安全帽使用时必须戴稳、系好下颏带。高处作业使用的安全带各种部件不得任意拆除，有损坏的不得使用。安全带要拴挂在垂直的上方无尖锐、锋利棱角的构件上，不能低挂高用。不准用绳子代替安全带。

5）高处作业中使用的梯子要坚固，放置要平稳。立梯坡度一般以 60~70 度为宜，并应设防滑装置。梯顶无搭钩、梯脚不能稳固时，须有人扶梯监护。人字梯拉绳须牢固，金属梯子不应在电气设备附近使用。梯子应每年检查一次，发现不安全因素立即修理或报废。

6）在石棉瓦、瓦楞板上作业时，必须铺设坚固、防滑的脚手板。如果工作面有坡度，必须加以固定。坑、井、沟、池、吊装孔等都必须有栏杆保护或用盖板盖严，盖板必须坚固。因工作需要移开盖板时，必须加设其他防护措施。

7）高处作业所用的工具、零件、材料等必须装入工具袋内。上下工作地点时手中不得拿物件，不准在高处投掷材料、工具。不得将易滑的工具、材料堆放在脚手架上，防止落下伤人。有高处作业禁忌证的人员不准进行高处作业，酒后、年老体弱、加班疲劳、视力不佳人员也不准进行高处作业。

8）高处作业必须设有现场安全监护人。高处作业前，作业人员、安全监护人应先认真检查和清理好现场，使其符合安全要求，通道要保持通畅，不得堆放与作业无关的物料。有危险地区要设置警示标识或围栏，禁止无关人员通行。高处作业监护人应坚守岗位。

9）多层交叉作业时，必须戴安全帽，并设置安全网，禁止上下垂直作业。

10）在6级以上强风或其他恶劣气候条件下，禁止高处作业，室外雷雨天气禁止高处作业。

20. 澄清池斜管支架吊装作业人员不慎高处坠落

2012年11月26日14时20分，上海某石化工程建设有限公司（本案例简称石化工程建设公司）在甲方公司上海某水务管理中心3号水处理澄清池区域进行维修作业时，发生一起高处坠落事故，造成1人死亡。

（1）事故相关情况

石化工程建设公司主要经营工程承包、工程安装检修、设备容器制造维修等。

2012年5月23日，甲方公司与石化工程建设公司签订装置运行保障合同，服务范围为甲方公司所属的动力管理中心、化工三部、化工四部及其区域内的水务管理中心、储运二部在编的所有装置、设施和区域。

（2）事故发生经过

事发当日9时许，石化工程建设公司运保三分公司汽机作业部辅机班班长杨某某，在甲方公司水务管理中心化运二班班长赵某某处开具14号澄清池大修用设备检修作业票。

当天下午，杨某某班组进行14号澄清池斜管支架制作。起重作业人员叶某某打开14号与15号澄清池间过道的吊物孔，并用吊具吊装钢管；杨某某等人在附近进行搬运钢管、制作支架等作业。14时20分左右，赵某某巡查至澄清池区域，沿过道从15号澄清池走向14号澄清池，从打开的吊物孔处坠落。

事故发生后，附近施工人员立即拨打“120”急救电话，急救车来到现场后，将赵某某送往医院救治，赵某某经抢救无效死亡。

（3）事故原因分析

1）直接原因

巡查人员经过未设置专用安全标识和可靠遮拦的过道时，从打开的吊物孔处坠落至地面。

2）间接原因

①施工人员安全意识淡薄，未遵守安全生产制度和操作规程。一是未按公司相关作业规程在打开的孔洞处设置栏杆等可靠的遮拦；二是安全交底不具体，在开具设备检修作业票过程中，未将具体施工内

容、危险因素、防范措施等情况有效地告知相关人员。

②施工单位安全管理存在漏洞，安全责任制落实不到位。一是未按有关规定及公司相关规程，为存在较大危险因素的场所配置专用安全标识；二是未能发现施工现场长期存在的安全隐患。

（4）事故教训和相关知识

这起事故的发生有两个因素：一个是与巡查人员自身的疏忽大意有关，经过时没有注意到危险；另一个是作业人员在打开孔洞之后，没有在孔洞的四周设置栏杆和提示。两个方面的因素导致了坠落事故的发生。

事故企业要认真吸取事故教训，要进一步梳理公司的安全管理制度，增强安全生产制度和操作规程的可操作性，并为各项规章制度的执行提供条件。企业要有效地落实安全责任制，并加强对员工的安全教育。公司各级管理人员，应切实履行安全职责，及时发现、及时治理作业过程中存在的隐患。现场管理人员应完善安全交底制度，将具体施工内容、危险因素、防范措施等情况有效地告知施工人员。企业应加强对人员的安全教育，督促其严格遵守安全操作规程。

21. 作业不戴安全帽坠落时头部撞到钢筋头导致伤亡

2017 年 7 月 16 日 10 时 15 分左右，青岛某产业园 7 号楼，北京某科技有限公司（本案例简称科技公司）承接的青岛某生物科技有限公司（本案例简称生物科技公司）办公楼 3~5 层的配套设备安装工程，发生一起高处坠落事故，造成 1 人死亡。

（1）事故相关情况

科技公司主要经营技术开发、技术转让、技术咨询、基础软件服务、计算机系统服务等。

2016 年 12 月 9 日，生物科技公司租赁青岛某产业园 7 号楼 3～5 层。第二年 6 月 20 日，生物科技公司与科技公司签订中央空调工程承包合同，由科技公司承担空调主机与风机盘管设备供货安装及原有空调整改工作。该项目于 2017 年 6 月 22 日开始施工，事故发生时，正在进行 3 层内部大厅中央空调拆卸施工。

（2）事故发生经过

科技公司承接生物科技公司中央空调工程项目后，于事发当日按工程进度在进行 3 层内部大厅中央空调拆卸工程。10 时 10 分左右，公司员工商某某等 4 人正在进行“Z”字形空调通风筒拆卸施工。由于施工现场无任何安全防护措施，作业时，商某某不慎从高 2.4 米的脚手架坠落至水泥地面。

事故发生后，现场负责人孙某某立刻拨打“120”急救电话，10 时 30 分左右“120”救护车赶到，医生对伤者进行紧急救护后送往医院进行抢救，11 时 10 分，商某某经抢救无效死亡。

（3）事故原因分析

1）直接原因

①该起高处坠落事故发生在拆除原有空调通风管道的过程中。张某某、商某某和李某某 3 名施工作业人员配合拆除一段“Z”形空调通风筒，在拆卸最后一颗固定螺栓时，空调通风筒突然下坠，由于吊点不平衡，通风筒发生偏转，致使在另一侧手扶通风筒的商某某失去平衡，从顶层操作平台剪刀式拉结固定杆处坠落。商某头部撞到地面凸起、上翘的钢筋头，身受重伤，经抢救无效死亡。

②施工现场安全防护缺失，现场管理混乱，现场施工人员全部没有使用安全带和安全帽。

2）间接原因

①移动式操作平台未按照建筑施工高处作业安全技术规范的要求

设置防护栏杆。

②作业人员没有采取预防坠落事故的防范措施，施工作业人员未使用安全带、安全帽，未穿防滑鞋，配合操作失误。

③施工现场未对移动式操作平台坠落半径内存在的凸起、上翘的钢筋头进行清理或覆盖防护；没有对移动式操作平台一侧坠落半径内的现场洞口进行覆盖防护。

（4）事故教训和相关知识

事故是在拆除空调通风筒过程中，由于操作失误，导致作业人员失衡从移动操作平台坠落，头部撞击在裸露的钢筋头上导致大出血引起的。

这起事故的发生，与作业人员没有按照规定戴安全帽有直接的关系。事故发生时为 7 月，天气比较炎热，戴着安全帽感觉难受，尤其是在楼房里面作业，作业高度不算很高，由此人员产生麻痹大意思想。这起事故被认定为是一起因施工现场安全防护措施缺失，现场管理混乱导致的安全生产责任事故。

相关企业要针对此次事故暴露出的安全教育培训、安全技术交底、安全检查等工作“不务实、走过场，重形式、轻实效”的现象认真总结，抓紧整改，对工作中的违章行为要严肃处理，严厉制止。要加强对管理人员和从业人员的安全教育，全面提高管理人员和从业人员的安全素质和安全意识，进一步加强对现场的安全管理，杜绝违规作业行为，切实防范生产安全事故的发生。

22. 没有系挂安全带搭设脚手架致高处坠落

2012 年 4 月 12 日，上海某电力设备安装有限公司（本案例简称电力设备安装公司）在上海某发电有限公司（本案例简称发电公司）

内作业过程中，发生一起高处坠落事故，造成1人死亡。

（1）事故相关情况

电力设备安装公司主要经营机电设备安装，防腐保温等。

事发当年3月，发电公司与电力设备安装公司签订施工合同，委托电力设备安装公司为发电公司生产检修、维护保温设施工作搭拆脚手架。

（2）事故发生经过

事发当日14时50分左右，电力设备安装公司脚手架班班长伍某某，在发电公司1号锅炉22.5米平台搭设脚手架时，不慎从平台孔洞坠落至地面。

事故发生后，伍某某被送往医院，经抢救无效死亡。

（3）事故原因分析

1）直接原因

作业人员在没有系挂安全带的情况下，站在没有采取安全防护措施的孔洞栏杆上搭设脚手架，不慎坠落，造成事故发生。

2）间接原因

①电力设备安装公司作业人员安全生产意识淡薄，风险辨识不足，自我保护意识不强，在没有采取安全保护措施的情况下进行作业。

②电力设备安装公司安全生产教育不到位，现场安全管理存在缺陷，未制定脚手架搭设方案，没有进行全面的安全技术交底，对从业人员执行安全规章制度督促、检查不力。

③发电公司对承包单位安全生产工作管理不到位，公司相关职能部门对脚手架搭设等现场施工安全管理的联系、检查、督促不力。

（4）事故教训和相关知识

在这起事故中，脚手架班班长在搭设脚手架时，没有系挂安全带，站在没有采取安全防护措施的孔洞栏杆上，结果不慎从平台孔洞坠落至地面。

高处作业必须使用安全带，安全带也被称为“救命带”，在关键时刻能够挽救生命。安全带由带子、绳子和金属配件组成。国家标准将安全带进行分类，不同类型的安全带适用于不同的作业，例如围杆类安全带适用于工作位置需定位的工种，如在杆上作业的电工、电信工、园林工等；悬挂类安全带适用于工作位置不需定位的工种，如架子工、清洗工等；攀登作业类安全带适用于进入工作位置需攀登的工种，如送变电安装工等。

安全带在人体发生坠落时能起到举足轻重的保护作用，选择合格、适用的安全带并掌握正确的使用方法，是发挥安全带最佳防护作用的关键。在选购安全带时，应注意以下几方面：一是应到具有营业执照和经营特种防护用品的专业商店选购，并索要发票和该批次产品的检验报告；二是应有有关部门经过检验合格认可的标识，出具报告的机构应具备省、市级或省、市级以上的资质，报告上相应位置盖有检验机构的专用章；三是要选择适用的产品型号，只有根据具体使用场所和作业方式，选择性能符合作业工种防护要求和作业操作需要的产品种类与型号，才能达到最佳的防护效果。

23. 在卸船机驾驶室顶部进行补漏作业发生高处坠落

2018 年 1 月 10 日 14 时 39 分，在某钢铁股份有限公司（本案例简称钢铁公司）原料码头内，上海某防腐绝热有限公司（本案例简称防腐绝热公司）作业人员作业时，发生一起高处坠落事故，造成 1 人死亡。

（1）事故相关情况

防腐绝热公司经营范围为防腐绝热、防水防渗漏工程施工等。

2017 年 3 月 31 日，钢铁公司与防腐绝热公司签订维修协力合同，双方约定由防腐绝热公司承担运输部区域一期、二期、三期及全天候港机等设备零星防腐、堵漏及维修工作。

（2）事故发生经过

2018 年 1 月 10 日上午，防腐绝热公司班长李某某与运输部卸船机驾驶员顾某某共同完成维修挂牌工作后，带领组员左某甲、左某乙 2 人对停在厂区原料码头的 18U7#卸船机进行驾驶室顶部补漏作业，左某乙爬到驾驶室顶部使用剪刀、环氧树脂、玻璃纤维布进行补漏。该项作业于 11 时左右结束。

当日下午，李某某安排左某甲与左某乙对卸船机底部的钢制直爬梯进行防腐油漆涂刷作业。14 时 30 分左右，防腐油漆涂刷作业结束，左某甲、顾某某一同到 4 楼电气室，与运输部当班设备点检员于某某一起完成维修摘牌确认。随后顾某某首先离开电气室，回到位于卸船机 3 楼的驾驶室休息，于某某留在电气室内继续工作，左某甲稍后离开了电气室，再次爬上驾驶室顶部确认补漏的效果。

14 时 35 分左右，于某某在确认当日维修的摘牌工作全部完成后，通过对讲机分别通知顾某某以及运输部当班生产作业长任某某当日维修项目结束，可以开展各项工作。任某某随后发出指令，要求顾某某将驾驶室平移到抓斗上方。14 时 39 分左右，顾某某操作驾驶室开始移动。此时，正在卸船机西侧北部地面进行清扫的作业人员听见卸船机上方有“咚”的响声，看见有人掉下来，随即呼救。

周围人员赶到现场，发现左某甲头部朝北趴在作业警戒线内的地面上，立即拨打“120”急救电话。14 时 55 分左右，“120”急救人员到达现场实施急救，左某甲经抢救无效死亡。

（3）事故原因分析

1）直接原因

左某甲在卸船机驾驶室顶部进行补漏效果确认，当卸船机驾驶室移动时，从驾驶室西侧坠落至地面。

2）间接原因

①防腐绝热公司作业人员安全意识淡薄，在设备维修摘牌后未离开驾驶室运行区域。

②防腐绝热公司现场管理人员未能督促作业人员完成作业后进行现场清场。

③防腐绝热公司安全教育培训流于形式，未能督促作业人员严格遵守公司安全生产规章制度和操作规程。

（4）事故教训和相关知识

这起事故的发生，与相互联系、安全确认不到位有直接的关系。这边当班生产作业长宣布当日维修项目结束，可以开展各项工作，那边作业人员还在卸船机驾驶室顶部进行补漏效果确认，当卸船机驾驶室移动时坠落至地面。

集体作业特别需要执行安全确认制度。安全确认制度是指员工在作业前，对现场及周围环境的安全可靠程度进行确认的制度，其中也包括集体作业时或者特殊情况下，与其他人员的联系确认。在集体作业较多的冶金生产企业、煤矿生产企业、非煤矿山生产企业等，对联系确认要求十分严格，因为集体作业需要相互配合、相互照应，相互配合不好、相互照应不到就容易发生事故。此外，在起重作业、装卸作业、施工作业、维修作业等许多人员共同作业时，对联系确认也要求严格，稍有不慎，就容易伤害自己或者他人。

相关企业要加大对作业人员的安全教育培训工作，提高作业人员安全意识，督促作业人员严格遵守安全操作规程，从而提高作业人员自我保护的能力。要全面审视现有的安全操作规程，尤其是对于维修作业，要特别关注可能出现的作业后人员滞留生产现场的情况，确保操作规程能覆盖维修作业的全部环节。

 24. 高处作业安全绳被彩钢瓦割断发生高处坠落

2016年3月19日16时10分左右，在安徽某汽车电器有限公司（本案例简称汽车电器公司）3号、4号车间之间过道雨棚彩钢瓦安装现场发生一起高处坠落事故，造成1人死亡。

（1）事故相关情况

汽车电器公司为浙江某集团在安徽设立的全资子公司，主要经营汽车雨刮器总成，汽车座椅电机的生产和销售。公司有员工约800人。

汽车电器公司3号、4号厂房，行政办公楼及综合楼建设项目土建工程、水电安装过程、钢结构工程通过招标的方式对外总发包，由中国某冶金建设有限责任公司中标承建。随后中标公司将轻钢结构专业工程发包给安徽某钢构有限公司，安徽某钢构有限公司又将工程2号、3号、4号、5号厂房之间过道雨棚工程转给安徽某钢构有限公司滁州分公司（本案例简称滁州分公司）承包。

（2）事故发生经过

事发当日上午，滁州分公司负责人郑某某安排李某某带领4名工人和租赁的一台起重机从事3号、4号厂房之间过道雨棚工程彩钢瓦吊运和安装工作，地面起重机司机负责将彩钢瓦吊到雨棚屋顶，李某某、石某某负责解吊钩和挂彩钢瓦，另外3人负责雨棚其他安装工作。

约16时10分左右，起重机将最后一块彩钢瓦吊到雨棚屋顶，石

某某解开上面的吊钩后，李某某解下面的吊钩。由于雨棚钢架有一定的弧度，下面的吊钩被解开后彩钢瓦开始下滑，由于彩钢瓦滑落速度快、边缘锋利，彩钢瓦割断了李某某身上的非标准安全绳并带动其从5米多高的雨棚顶上摔落到地面。

正在地面安装墙板的工人张某某发现有彩钢瓦和人摔落下来，立即跑过去施救。开始李某某不能动，后来能动时说腿痛。此时，起重机司机拨打了“120”急救电话。随后从办公区赶来的郑某某在其他工人的帮助下，将李某某抬上一辆卡车送往医院抢救。到医院时，李某某头脑还比较清楚，说半边身体没有知觉。医生立即开始全力急救。18时30分左右，李某某因伤势过重死亡。

（3）事故原因分析

1）直接原因

李某某高处作业时使用的不符合标准的安全绳被彩钢瓦割断，导致高处坠落死亡。

2）间接原因

①建设单位违规将2号、3号、4号、5号厂房之间过道雨棚工程发包给不具备相应资质的企业承包，且日常安全管理、检查不到位。

②施工单位未安排专门人员进行作业现场安全管理，安全管理缺失。

③施工单位安全教育不到位，员工安全意识薄弱，不注意自身安全防护。

（4）事故教训和相关知识

安全绳是用来保护高处作业人员人身安全的重要防护用品之一，正确使用安全绳是防止高处作业人员坠落、保证人身安全的重要措施之一。

安全绳是一种用于连接安全带的辅助用绳，它的功能是二重保护，确保安全。使用方法：①平行安全绳是用于在钢架上水平移动作业的安全绳，要求较小的伸长率和较高的滑动率，一般采用钢丝绳注塑工艺便于安全挂钩在绳子上轻松移动。平行安全绳广泛应用于建设工程的钢架安装及钢结构工程的安装和维修。②垂直安全绳是用于垂直上下移动的保护绳，配合攀登自锁器使用，编织和绞制的都可以，必须达到规定的拉力强度，绳子的直径为16~18毫米。③消防安全绳用于高楼逃生，有编织和绞制两种，要求结实、轻便、外表美观。绳子直径为14~16毫米，一头带扣，带保险卡锁，拉力强度须达到国家标准，广泛用于现代高层、小高层建筑住户。④外墙清洗绳，分主绳和副绳。主绳用于悬挂清洗坐板，副绳也就是辅助绳用于防止意外坠落，主绳直径18~20毫米，要求绳子结实、不松捻，拉力强度高；副绳直径14~18毫米，标准与其他安全绳相同。

在安全绳的使用中需要注意的事项：一是严格禁止把麻绳作为安全绳来使用；二是如果安全绳的长度超过3米，一定要加装缓冲器，以保证高处作业人员的安全；三是两个人不能同时使用一条安全绳；四是在进行高处作业的时候，为了使高处作业人员在移动中更加安全，在系好安全带的同时，要将安全带挂在安全绳上。

在这起事故中，作业人员使用不符合标准的安全绳，导致安全绳被彩钢瓦割断，高处坠落死亡，教训极为深刻。经调查认定，这是一起因建设、施工单位作业现场安全管理缺失、员工未采取有效的防护措施而导致的生产安全责任事故。这起事故暴露出建设单位、施工承包单位安全管理缺失，从业人员安全教育培训不到位，安全隐患排查不到位，安全责任落实不到位，员工劳动防护意识差等问题。为了有效地预防和遏制此类事故的发生，相关企业应采取以下防范措施：加大从业人员安全教育培训工作力度；广泛开展安全生产宣传教育工作，重点是规章制度、操作规程和劳动防护用品方面的学习培训，增强员工安全意识和自我防范能力，杜绝员工违章、违规行为；深化安全隐患排查整改工作；建立并落实日常检查制度，及时发现并消除各类安全隐患。

 25. 脚手架上作业没有使用安全绳导致高处坠落

2017 年 10 月 21 日 8 时 10 分左右，在上海某石油化工有限公司（本案例简称石油化工公司）动力中心燃煤锅炉烟气超低排放改造项目 2#脱硫塔处，上海某建筑安装工程有限公司（本案例简称建筑安装工程公司）在作业过程中发生 1 起高处坠落事故，造成 1 人重伤。

（1）事故相关情况

建筑安装工程公司主要经营土木工程、建筑工程、水电安装工程等。

石油化工公司与建筑安装工程公司签订燃煤锅炉烟气超低排放改造项目脚手架工程、建设工程分包合同，双方约定，由建筑安装工程公司作为分包人，分包项目为工程范围内的施工脚手架搭拆、安全维护等工作。

（2）事故发生经过

事发前 2 天项目部召开碰头会议。会上，项目部施工经理张某某安排负责防腐作业的施工队拆除 2#脱硫塔内部除雾器支撑梁的衬胶。由于该项工作需要脚手架搭设单位对现有的脚手架进行改动，故防腐作业队施工队长赵某某向建筑安装工程公司现场负责人王某提出修改需求。因当日工作已安排，王某要求赵某某于 10 月 21 日早上再联系。

10 月 21 日 7 时许，建筑安装工程公司现场负责人王某在项目工

地召开当天班前会。赵某某等王某开完班前会后，向王某提出修改2# 脱硫塔内部脚手架的要求。王某在未开具高处作业票的情况下，口头安排罗某某等 5 人跟随赵某某到作业点配合修改脚手架。

7 时 30 分左右，赵某某、罗某某等 6 人先后到达 2#脱硫塔位置，从外部到达离地高度 20 米的位置，并通过脱硫塔的人孔进入塔内作业点。赵某某在作业点现场将具体改动要求告知建筑安装工程公司罗某某等人后，离开现场，罗某某等人开始作业。作业至 8 时左右，罗某某在脚手架上作业的过程中不慎滑落，坠落至 2#脱硫塔底部地面。

事故发生后，现场作业人员立即通过电话通知王某，并拨打“120”急救电话。王某接到电话后立即赶到事故现场查看，“120”急救车到达现场后随即将罗某某送往医院进行救治。

（3）事故原因分析

1）直接原因

作业人员在脚手架上作业的过程中，所用安全带的安全绳没有被打开使用，又没有采用其他有效的安全防护措施，导致事故发生。

2）间接原因

①建筑安装工程公司管理人员对当日作业未按规定申请办理高处作业审批手续。

②建筑安装工程公司管理人员未督促作业人员严格遵守公司规定，未落实高处作业安全措施，在作业过程中未正确使用（系挂）安全绳。

③项目部管理人员对施工现场疏于管理，未及时督促施工作业人员落实高处作业安全措施。建筑安装工程公司未落实主要负责人的职责，督促、检查施工现场安全生产工作，未及时消除生产安全事故隐患；未督促项目部管理人员认真履行管理职责，未及时协调涉及不同施工队伍的作业内容。

（4）事故教训和相关知识

在这起事故中，作业人员在脚手架上作业的过程中，所用的安全带的安全绳没有被打开使用，又没有采用其他有效的安全防护措施，这是不对的。俗话说：不怕一万，就怕万一。遇到万一的极端情况，安全绳就可能成为救命绳。

高处作业人员在进行作业时，必须严格遵守安全操作要求，使用安全防护用具，做好高处作业安全防护措施。在众多的安全防护用具中，安全绳可以说是高处作业时工人的“生命绳”。

26. 松开安全带抽动被屋面瓦压住的木方致高处坠落

2012 年 6 月 14 日 8 时 20 分左右，在某钢铁股份有限公司（本案例简称钢铁公司）硅钢部取向硅钢后续工程（第二步）标段一工地内，上海某彩钢结构有限公司（本案例简称彩钢结构公司）在铺设屋面瓦的过程中，发生一起高处坠落事故，造成 1 人死亡，直接经济损失约 76 万元。

（1）事故相关情况

彩钢结构公司主要经营钢结构工程专业承包。

2011 年 5 月，钢铁公司与第三方公司签订取向硅钢后续工程（第二步）标段一施工合同。2011 年 11 月，第三方公司与彩钢结构公司签订取向硅钢后续工程（第二步）标段一围护结构工程专业分包合同。

（2）事故发生经过

事发当日 7 时许，彩钢结构公司班长余某某带领董某某等 12 人，到标段施工现场进行屋面瓦铺设作业。

8 时 20 分左右，当放置完第三块屋面瓦后，董某某所用木方被屋面瓦压住。董某某在安全带松开的情况下，抽动木方失稳坠落到下方的安全网边侧，安全网在被冲击后系绳发生断裂，董某某坠落至地面（屋面距地面高度约 22 米）。

事故发生后，在场人员立即将董某某送往医院，医院证实来院前董某某已死亡。

（3）事故原因分析

1）直接原因

作业人员在松开安全带的情况下，抽动被屋面瓦压住的木方，失稳坠落，造成事故发生。

2）间接原因

①彩钢结构公司安全责任制未得到有效落实，安全管理存在缺陷，用欺瞒的方式取得施工准入证并进入施工现场；班长在离开岗位时，没有安排人员进行安全监管。

②彩钢结构公司安全教育不到位，三级安全教育流于形式，未按照规定时间对作业人员进行安全教育，对进入施工现场的作业人员招用存在随意性；临时指定的项目负责人没有资格证书。

③第三方公司对分包单位的安全管理存在缺陷，在分包单位新进人员证照不全的情况下为其办理施工准入证；现场安全教育没有针对性、现场安全监督检查不到位。

④第三方公司项目部对采购的安全网没有进行认真验收，致使不合格安全网用在项目上。

（4）事故教训和相关知识

这起事故的发生，一方面与作业人员松开安全带有关，另一方面与安全网在被冲击后系绳发生断裂有关。

安全网是用来防止人和物坠落，或用来避免、减轻坠落物体打击伤害的网具。安全网一般由网体、边绳、系绳等构件组成。网体由网绳编结而成，具有菱形或方形的网目。相邻两个绳结之间的距离称为网目尺寸。网体四周边缘上的网绳，称为边绳。安全网的尺寸由边绳的尺寸而定。把安全网固定在支撑物上的绳，称为系绳。此外，凡用于增加安全网强度的绳，统称为筋绳。安全网的材料，要求密度小、强度高、耐磨性好、延伸率大和耐久性强，此外还应有一定的耐气候性能，受潮受湿后其强度下降不太大。安全网可采用棉、麻、棕等植物材料作原料。不论用何种材料，每张安全平网的质量一般不宜超过15 千克，并能承受 800 牛的冲击力。

事故之后，相关企业要认真吸取事故教训，重视安全管理，切实执行安全生产责任制，对所采购的劳防用品要严格把关，杜绝不合格产品在施工现场使用。要规范对从业人员的安全教育；加强对人员招录及现场施工的管理，督促现场管理人员做好监督工作，杜绝类似事故的再次发生。

27. 施工人员未戴好安全帽就组织施工致高处坠落死亡

2018 年 3 月 29 日，常州某电器有限公司（本案例简称电器公司）三车间，一外来施工队在组织翻修旧屋面过程中，1 名工人不慎踩破屋面木望板从高处坠落地面头部受伤，经抢救无效死亡。

（1）事故相关情况

电器公司主要经营日用电器及配件、电动工具及配件、通用零部件等。

事发前电器公司与某工程队签订了书面协议，约定由工程队承接电器公司厂房屋面换瓦的施工，施工面积约 650 平方米。事故发生时，屋面旧瓦已经基本被清理完毕，仅剩发生事故的三车间东南侧屋面还有部分旧瓦未被清理。

（2）事故发生经过

2018 年 3 月 29 日 17 时许，工程队负责人胡某某组织 6 名瓦工和 1 辆汽车起重机，清理屋面旧瓦，瓦工陈某某在屋面搬运旧瓦时，不慎踩破屋面木望板，连人带瓦一同从 6.2 米的高处坠落，将车间内的吊顶砸坏后，再坠落到地面致使头部受重伤。

事故发生后，现场施工人员立即组织应急救援，伤者被“120”急救车迅速送至医院，经抢救无效死亡。

（3）事故原因分析

1）直接原因

陈某某在戴草帽无安全带的情况下，在年久失修、局部承载力差的屋面上搬运清理旧瓦时高处坠落地面头部着地，是此次事故的主要原因。

2）间接原因

①胡某某对施工现场的安全监督管理严重缺失，其组建的工程队不具备施工相应的资质，未制定施工方案，未对施工人员进行安全技术交底。

②胡某某作为施工项目负责人，没有为工人配备安全带、安全帽，也未监督施工人员戴好安全帽就盲目组织施工。

（4）事故教训和相关知识

在这起事故中，进行高处作业的人员戴着草帽，未使用安全带就进行作业，作业地点距地面 6 米以上。施工项目负责人带领其他人员作业，看到这样的情况竟然不加以制止，不进行纠正，结果导致事故的发生。

安全帽是防物体打击和坠落时防头部碰撞的防护装置。在建筑施工中，戴安全帽无疑是一个很好的预防措施。别看安全帽平常，可是，“小小安全帽，蕴藏大道理。”通常塑料安全帽在光滑的表面和帽顶上有一道隆起的顶筋，实际上是为了减少坠落物冲击而特制的。安全帽里边连着网状帽箍，是安全帽的一个关键部分，它能够延迟并减少传递到头部和颈部的碰撞力，更重要的是，它可以吸收由撞击带来的大部分能量。安全帽对头部防护至关重要，不可轻视。

有些建筑施工人员缺乏正确使用安全帽的知识，对安全帽的保养和定期更换更是一无所知。在使用中，有人为了透气，在安全帽上钻孔，根本不知道这样会降低安全帽的抗冲击强度和由此带来的严重后果。有人戴的安全帽很旧，使用多年还不更换。建筑工地通常是露天作业，因为光照强烈，天气酷热、潮湿，对塑料制造的安全帽影响很大，那些很旧的、超过有效使用期限的塑料安全帽，抗冲击强度会大幅降低，在高处坠落和物体打击的冲击力面前，往往不堪一击。有的建筑工人错误地认为戴安全帽没有必要，因此经常不戴安全帽，有的为了图凉快和挡太阳干脆戴草帽，有的因为感觉不舒服，戴安全帽却不扣带子，这样的做法都是不对的，一旦当事故来临，只能遭受事故的伤害。

28. 未使用安全带脚下木质跳板滑落导致高处坠落

2018 年 4 月 4 日，常州市某轿车配件有限公司（本案例简称轿车配件公司）新建综合楼建筑工地，1 名辅助工在拆除井字架时，因木质跳板滑落，从顶部坠落地面受伤，经送医院抢救无效死亡。

（1）事故相关情况

轿车配件公司主要经营汽车零部件、摩托车零部件、机械零部件制造等。公司有员工约 200 人。

2017 年 6 月 20 日，轿车配件公司与朱某某签订协议书，协议约定由朱某某组建工程队为轿车配件公司建造综合楼。至事故发生时，该工程主体及外墙施工已经基本完成，部分外墙脚手架已经被拆除，井字架已经开始被拆除。工程进入室内装饰及水电安装阶段。

（2）事故发生经过

事发当日上午，朱某某安排工程队施工人员组织对外墙脚手架及井字架进行拆除。瓦工费某某、潘某某、夏某某在井字架顶部铺设木跳板（离地高度约16米），并站在跳板上拆除井字架。9时左右，费某某在拆除过程中脚下木跳板滑落，随木跳板一起坠落到地面受伤。

事故发生后，现场人员立即开展应急救援，驾车将伤者送至医院进行治疗。最终，费某某经抢救无效死亡。

（3）事故原因分析

1）直接原因

费某某未使用安全带的不安全行为和木跳板未被固定滑落的不安全状态，是事故发生的直接原因。

2）间接原因

①工程承包人朱某某无建筑施工的从业资格，所组织的施工队不具有建筑施工的资质条件，违规承揽工程项目并组织施工。

②工程承包人朱某某对施工现场安全生产监管不力，对施工人员进行的安全教育培训不到位，未督促施工人员正确使用安全带等劳动防护用品。

③轿车配件公司未按照基本建设程序办理相关手续，将综合楼建设工程发包给不具有建筑资质条件的个人，擅自开工建设，并且对施工现场的安全生产工作统一协调、管理不到位，未督促施工人员使用劳动防护用品。

（4）事故教训和相关知识

在这起事故中，作业高度约16米，进行的是外墙脚手架及井字架拆除。由于拆除作业需要人员不断走动，使用安全带有些麻烦，需要不断寻找安全绳的挂钩，而且大多数情况下都不容易寻找到。另外，一个地方的拆除作业时间很短暂，也许就是几分钟、几个动作，因而作业人员图省事未使用安全带。对于这种情况，通常要在技术措施上想办法，例如增加安全绳的长度，在不同的地点设置挂钩点，以此来保证安全。

应该说，不使用安全带的做法，是一种坏习惯，因为一旦发生事故，无法确保人员安全。

29. 车间改造工程人员疏忽大意判断失误致高处坠落

2016 年 4 月 26 日 17 时 20 分左右，保定某彩钢钢构有限公司（本案例简称彩钢钢构公司）承建的位于徐水区境内的保定某保温材料制造有限公司（本案例简称保温材料公司）车间改造工程，在施工过程中发生一起高处坠落事故，造成 1 人死亡，直接经济损失约 80 万元。

（1）事故相关情况

彩钢钢构公司主要经营彩钢板、彩钢复合板、金属结构的加工、制作、安装等。

保温材料公司因业务需要，要将车间进行改造，在原某起重机械生产车间西侧建造 9 米高的钢结构车间，车间顶棚铺设上下两面为彩钢板、中间夹层为泡沫板组成的复合板和由 PVC 材料制造的阳光板。彩钢钢构公司承建此项工程，派来安装人员卢某某、梁某某、李某某、刘某、苏某某进行作业，工程负责人为卢某某。

（2）事故发生经过

事发当日 17 时 20 分左右，彩钢钢构公司人员在施工过程中，梁某某、李某某、刘某、苏某某在已搭建好的厂房钢构梁上铺放复合板，4 人均未使用安全带、安全绳等安全防护用品，也没有在有坠落危险的地方加装防坠落设施。当 4 人抬着复合板到了需安装的位置时，发现因接口方向问题，需要将整块复合板调头。在调头过程中，苏某某先放下手中的复合板想跨越到阳光板南侧的复合板上，在跨越过程中因力度不够，未能踩到南侧复合板，而踩到了复合板间的阳光板上，导致阳光板侧翻，苏某某坠落到地面上受伤。

事故发生后，现场人员拨打“120”急救电话求救，李某某给卢某某打电话报告情况。“120”救护人员来到事发现场，经检查，苏某某已死亡。

（3）事故原因分析

1）直接原因

苏某某在未采取任何安全防护措施的情况下进行高处冒险作业，踩空坠落。

2）间接原因

①彩钢钢构公司现场管理不到位，未在有坠落危险的位置采取防坠落措施，未督促施工人员使用安全带、安全绳等防护用品，未及时纠正违章作业。

②彩钢钢构公司未严格要求员工遵守公司的安全操作规程，从业员工安全意识淡薄，自我防护意识不强。

③彩钢钢构公司未尽到现场管理责任，未及时清理施工现场，在未完成铺设复合板的厂房放置了多块复合板，阻碍了正常施工。

（4）事故教训和相关知识

这起事故的发生，主要还是施工人员的疏忽大意、判断失误。在屋顶搬抬复合板进行调头的过程中，施工人员先放下手中的复合板想跨越到阳光板南侧的复合板上，在跨越过程中因力度不够，未能踩到南侧复合板，而踩到了复合板间的阳光板上，导致阳光板侧翻，高处坠落到地面上受伤。

疏忽大意是指实施行为时没有预见到自己的行为可能发生的结果。如果能够预见到自己跨越力度不够会高处坠落，那么这名施工人员肯定会努力增加跨越力度，避免高处坠落以及伤亡事故的发生。那么，是什么原因导致他疏忽大意、判断失误的呢？施工人员在作业活动中不断接受关于工作状况、周围环境和作业内容等各种变化信息，根据这些信息，施工人员调节自己的活动以保持有效的劳动。外界的各种信息是通过人体的各种感觉器官传到大脑的，各种感觉器官在劳动中的用途是不同的。从劳动安全的角度来看，作业人员的视觉、听觉、运动感觉十分重要，这些感觉器官在作业活动中分别感受作业环境中各种物的形态、声音、温度、振动和肌肉运动。其中视觉器官最为重要，它接收90%以上的外界信息，另外10%左右的信息经过听觉器官以及其他器官接收。

需要注意的是，当施工比较劳累的时候，当接近下班时间或者任务即将完成的时候，当人的精神放松的时候，也是感觉器官比较麻木的时候，最容易出现疏忽大意、判断失误。这起事故发生在4月，时间是17时20分左右，应该是施工比较劳累的时候，也是接近下班的时间或者任务即将完成的时候。故此，作业人员要从这次事故中吸取事故教训，当施工人员比较劳累、接近下班的时候，现场负责人一定要注意提醒作业人员注意安全，避免疏忽大意、判断失误引发事故。

30. 未系安全带在拆除反顶脚手架作业时高处坠落

2015年6月22日14时45分左右，位于上海某造船有限公司（本案例简称造船公司）3号码头在建的H××××船3号（中）货油舱内，上海某工程（集团）有限公司（本案例简称工程公司）在拆除反顶脚手架时，发生一起高处坠落事故，造成 1 人死亡。

（1）事故相关情况

工程公司主要经营管道安装，设备安装，电力设备安装施工等。

2015 年 1 月 19 日，工程公司与造船公司签订了合同，约定由工程公司承揽造船公司当年部分船舶后道脚手架搭拆工作。

（2）事故发生经过

事发当日 6 时 20 分左右，工程公司脚手架班长万某某安排副班长王某及杨某等共 15 人拆除 H××××船 3 号（中）货油舱 9 档（每档 13 排）反顶脚手架。至 11 时，作业人员已拆除 6 档反顶脚手架。

12 时 30 分左右，王某安排杨某等 5 名组员继续拆除剩余的 3 档反顶脚手架，其中杨某的作业主要为剪断固定铁丝、拆卸脚手板及支撑横杆。13 时左右，王某因故离开现场。14 时 45 分左右，杨某站在已拆除固定铁丝的最后一档第三排第四块脚手板上拆除支撑横杆时，支撑横杆、脚手板垮塌，导致杨某坠落至舱底（坠落高度 27.5 米）。

事故发生后，现场人员及时拨打“120”急救电话，造船公司组织人员用吊机、吊笼将杨某从舱底救至码头。急救车来到码头，将杨某送往医院进行抢救，当日 16 时 11 分，杨某经抢救无效死亡。

（3）事故原因分析

1）直接原因

作业人员在未系安全带的情况下，站在已拆除固定铁丝的脚手板上进行拆除作业时，支撑横杆、脚手板垮塌，导致作业人员坠落至舱底。

2）间接原因

①现场安全管理不到位，现场负责人在离开现场时未另行安排现场监护人员，督促作业人员按脚手架搭拆工艺规范的要求系挂安全带。

②工程公司对员工的安全教育不到位，员工安全意识淡薄，未严格执行本单位的安全生产规章制度和操作规程。

（4）事故教训和相关知识

一般而言，拆除脚手架作业比搭设脚手架危险性更大，必须根据工程情况、作业环境及脚手架特点制定拆除作业方案，并应注意以下事项：

1）作业前应对脚手架的现状，包括变形的情况、杆件之间的连接、与建筑物的连接及支撑情况以及作业环境进行检查，并按照作业方案进行研究和分工。

2）排除障碍物，清理脚手架上的杂物及地面作业环境。拆除之前，划定危险作业范围，并进行围圈，设监护人员。

3）拆除作业时，地面应设专人指挥，按要求统一进行，拆除程序与搭设程序相反，先搭的后拆除，自上而下逐层拆除，禁止上下同时作业。拆除时，先将防护栏杆、安全网等附加杆件拆除，并将脚手板向下传递，每档留一块脚手板以便操作。

4）拆除顺序应沿脚手架交圈进行，分段拆除时，高差不应大于2步，以保持脚手架拆除过程的稳定；立面拆除时，应先对暂不拆除部分脚手架两端增设横向斜撑，先行加固后再进行拆除；拆剪刀撑时应先拆除中间扣件，然后拆除两端扣件，防止因累积的梁变形发生挑杆事故。

5）连墙件不得提前拆除，在逐层拆除到连墙件部位时方可拆除。在最后一道连墙件拆除之前，应先在立杆上设置抛撑后进行，以保证立杆拆除中的稳定性。

6）拆除作业中应随时注意作业位置的可靠性，挂牢安全带，不准将拆除的杆件、扣件、脚手板等向地面抛掷。

7）地面人员应与拆除人员紧密配合，将拆下的杆件等按品种、规格码放整齐。

31. 未采取可靠的安全措施从屋顶采光板处坠落

2015年5月10日，南通某空气处理设备有限公司（本案例简称空气处理设备公司）在青岛某货柜有限公司（本案例简称货柜公司）制造车间屋顶更换薄型平移式遥控通风装置时，一名安装工人从屋顶采光板处坠落至室内地面死亡，直接经济损失约100万元。

（1）事故相关情况

空气处理设备公司主要从事设计、生产、安装组合式空气加热、去湿、制冷机组，空气洁净机组，废气净化处理设备，屋顶通风过滤器。

2014年11月18日，空气处理设备公司与货柜公司签订了通风气楼工程合作协议，为货柜公司安装薄型平移式遥控通风装置。2015年5月4日，空气处理设备公司的13名施工人员进驻货柜公司，货柜公司根据施工情况对施工人员进行了安全教育培训，并为施工队伍办理了外协单位高处作业申请单，在申请单中进一步明确了安全注意事项，并安排专人对施工现场的安全生产工作进行了统一协调、管理。

薄型平移式遥控通风装置安装工程位于制造车间屋顶西段，安装时需先行拆除屋顶原有的彩钢板和3个固定式气楼，再更换薄型平移式遥控通风装置，涉及面积2 035.2平方米。薄型平移式遥控通风装置用于增强制造车间通风换气和采光能力，及时排掉车间内焊接作业时产生的焊接烟尘。设备安装工作完成后，施工队长张某某根据车间布局，安排工人将从屋顶拆除的物料，通过制造车间与冷作车间相连的屋顶搬运至车间门口，然后再用起重机把物料吊至地面。搬运物料时需横跨冷作车间屋顶的一条采光板，采光板长约 30 米、宽约 1 米、厚度约 0.03 米，其材质为不能承重塑料板，该采光板距施工地点约 10 米。

（2）事故发生经过

2015 年 5 月 5 日，空气处理设备公司施工项目经理陈某某、施工队长张某甲带领 11 名施工人员在车间屋顶开始更换通风装置，施工人员按照要求使用了安全帽、安全带等防护用品，落实了施工现场的安全措施。货柜公司安排了安全管理人员对作业现场进行了统一协调、管理，至 5 月 9 日，设备安装工作基本完成。

5 月 10 日 6 时 20 分许，施工队长张某甲组织工人从制造车间屋顶向冷作车间门口处搬运被拆除的物料，做工程收尾工作。搬运前，张某乙等人在冷作车间采光板上临时铺设了两块宽 2 米的旧彩钢板作为人工通道，在两块彩钢板之间有约 1 米的空当。

7 时许，张某甲、王某某、张某乙和戴某某 4 人抬着一块长 6 米、宽 2 米、约 100 千克的彩钢板从制造车间屋顶向冷作车间门口处搬运（王某某、戴某某走在前面，张某甲、张某乙走在后面，搬运彩钢板要在屋顶上走约 30 米的距离，搬运人员无法系挂安全带）。在经过冷作车间屋顶的采光板时，张某甲受视线限制没有踩到用于承重的彩钢板上，直接踩在塑料采光板上，采光板发生破裂，张某甲随即从 12 米高的屋顶坠落至冷作车间地面。其他施工人员赶紧到车间查看，发现张某甲趴在地上，神志尚清醒，安全帽已脱落。人们赶紧拨打“120”急救电话，“120”救护车到场后立即将张某甲送往医院救治。8 时 30 分许，张某甲因头、胸、腹复合伤严重，经抢救无效死亡。

（3）事故原因分析

1）直接原因

空气处理设备公司施工队长张某甲组织工人在屋顶清运废旧彩钢

板时，没有按照施工组织方案关于“依据本工程特点，施工安全防护必须满足保障行人及车辆正常行驶的安全需要，保证施工安全”的规定和货柜公司关于“在屋顶高处作业时必须有防坠落措施”的要求，在不能承重的采光板上采取可靠的防坠落措施（只在不能承重的采光板上铺设了两块 2 米宽的旧彩钢板，且在两块彩钢板之间留了约 1 米的空当），导致事故发生。

2）间接原因

①空气处理设备公司对施工队伍的安全检查不到位，安全隐患排查不彻底，对张某甲未经项目负责人及货柜公司批准，擅自组织工人从采光板上方搬运物料的违规行为没有及时发现和制止。

②空气处理设备公司对张某甲等施工人员的安全教育培训不到位，致使张某甲等人安全意识淡薄，盲目施工作业。

（4）事故教训和相关知识

这起事故的发生，主要是预防坠落的安全措施不到位，在不能承重的采光板上铺设了两块 2 米宽的旧彩钢板，且在两块彩钢板之间留了约 1 米的空当，结果施工人员搬运彩钢板时走偏，导致高处坠落。为什么只在采光板上铺设两块 2 米宽的旧彩钢板呢？据分析主要是麻痹大意，认为施工人员来回行走，一上一下互不影响，足以保证安全。可是就没有想到，如果 4 个人搬运彩钢板，走在后面的人员无法看清道路，就有可能走偏。

预防高处坠落事故，需要依据不同的作业内容，采取综合性预防措施。综合性预防措施要点是：

1）对从事高处作业的人员要坚持开展经常性的安全宣传教育和安全技术培训，使其认识、掌握高处坠落事故的规律和事故危害，牢固树立安全思想和具有预防、控制事故的能力，并要做到严格按照法规的要求作业。当发现自身或他人有违章作业的异常行为，或发现与高处作业相关的物体和防护措施有异常状态时，要及时加以改变使之达到安全要求，从而预防、控制高处坠落事故的发生。

2）高处作业人员的身体条件要符合安全要求。严禁患有高血压、心脏病、贫血、癫痫等不适合高处作业的人员从事高处作业；对疲劳过度、精神不振和情绪低落的人员要停止高处作业；严禁酒后进行高处作业。

3）高处作业人员的个人着装要符合安全要求。根据实际需要配备安全帽、安全带和有关的劳动防护用品；不准穿高跟鞋、拖鞋或赤脚作业，而应穿软底防滑鞋；不准攀爬脚手架或乘运料井字架吊篮上下，也不准从高处跳上跳下。

4）在没有可靠的防护设施时，高处作业必须系安全带，否则不准在高处作业。安全带的质量必须达到使用安全要求，并要做到高挂低用。

5）高处作业前，必须检查脚踏物是否安全可靠，脚踏物是否有足够的承重能力，木杆的根部是否已经腐烂等。严禁在石棉瓦、刨花板、三合板顶棚上行走。

6）不准在 6 级强风或大雨、雪、雾天气从事露天高处作业。

另外，高处作业还必须做好作业过程中的安全检查，如发现人的异常行为、物的异常状态，要及时加以排除，使之达到安全要求，从而控制高处坠落事故的发生。

32. 在锅炉房顶行走因彩钢板支撑力不够致高处坠落

2018 年 1 月 11 日 11 时 30 分左右，连云港市某节能建材有限公司（本案例简称节能建材公司）东厂区，发生一起高处坠落事故，造成 1 名工人死亡。

（1）事故相关情况

节能建材公司主要经营节能砖生产、销售；装卸服务；建材、装潢材料销售，有员工41人。

（2）事故发生经过

2018年1月初，节能建材公司负责人陈某某与李某某口头商定，由李某某对节能建材公司东厂区锅炉房屋顶彩钢板进行维修更换。1月11日10时许，李某某在未与节能建材公司联系的情况下，开车带周某（李某某临时联系的帮工）经过传达室进入厂区，到达锅炉房，计划先查看锅炉房屋顶彩钢板损坏情况，以确定预算向陈某某报价并进行更换维修。

在锅炉房，李某某从车上取下安全绳、电钻、电线等作业工具准备干活儿，交代周某在原地等候送彩钢板的人来，并把自己的手机交给周某以方便联系。10时40分许，李某某带着安全绳、电钻、电线从地面设置好的扶梯爬上设备平台，在平台上捆绑安全绳，再安放上锅炉房屋顶的扶梯。

11时左右，周某带着磨光机等工具爬到设备平台准备向上递工具，此时李某某已爬上屋顶。周某在平台位置看不到李某某的身影，只看到安全绳从平台一直顺到房顶。当周某在平台用李某某的手机和送彩钢板的人联系时，听到呼喊“有人摔下来了。”当周某从平台下来，跑到锅炉房门口时，看到李某某身上绑有安全绳、面朝下倒在锅炉房地面上，地面有大片血痕。周某随即用电话报了警。厂里工人听到呼救声赶来，有人拨打了“120”急救电话。12时左右，“120”急救医生和当地派出所警察到达现场，抢救约半小时，医生确认李某某经抢救无效死亡。

(3) 事故原因分析

1) 直接原因

李某某在高处作业中未有效使用安全带，在锅炉房顶行走时，因彩钢板支撑力不够坍塌，造成其从高处坠落死亡。

2) 间接原因

①节能建材公司未执行安全管理有关规定，未与李某某签订安全协议、未进行现场安全交底等；未将外来作业人员纳入本单位统一管理，未认真开展安全检查和隐患排查治理工作。

②节能建材公司生产负责人和安全员未严格履行安全生产管理职责，未认真检查作业现场安全生产工作，未及时消除生产安全事故隐患。

(4) 事故教训和相关知识

在这起事故中，施工内容是对锅炉房屋顶的彩钢板进行维修更换，主要是更换因铺设时间较长、经过风吹日晒、由于雪的覆盖侵蚀，已经变得不牢固的彩钢板。在这种情况下，作为作业人员需要提高警惕，不能把旧的彩钢板当作新的彩钢板对待，要处处小心谨慎。在这起事故中，发生事故的作业人员因疏忽大意，在锅炉房顶行走时，由于彩钢板支撑力不够而坍塌，造成高处坠落死亡。

33. 钢筋焊接作业未使用安全带从脚手架坠落

2018 年 3 月 22 日，位于常州市礼嘉镇的某塑料有限公司（本案例简称塑料公司）7 号仓库改造工地，一外来施工队在组织施工过程中，1 名钢筋工不慎从脚手架上坠落地面受伤，经送医院抢救无效死亡。

(1) 事故相关情况

塑料公司主要经营塑料薄膜、塑料雨披、车篷制造加工及织布等。

有一年大雪，塑料公司7#仓库屋面受损，漏水严重。该年3月5日，塑料公司与庄某某个人签订了7#仓库屋面改造土建施工协议，将屋面改造工程发包给庄某某（乙方）组织施工，施工面积约2 200平方米。协议中明确，乙方必须严格遵守施工操作规程，杜绝在施工中发生安全事故，如发生责任事故由乙方负责。

（2）事故发生经过

3月22日上午，庄某某承接的塑料公司7#仓库屋面改造工地上，分包钢筋作业的罗某某组织施工人员（包括砸钢筋和焊钢筋人员）到场进行钢筋焊接作业。10时左右，焊工杨某某和周某某在6米高的脚手架跳板平台上焊接混凝土柱的钢筋，在完成一处钢筋焊接后，在脚手架上从东往西移动到另一根混凝土柱途中，杨某某不慎从脚手架平台上坠落地面受伤。

事故发生后，现场人员立即开展应急救援，将伤者送至医院，伤者因伤势严重抢救无效于当天14时许死亡。

（3）事故原因分析

1）直接原因

①焊工杨某某未使用安全带在6米高的脚手架平台作业。

②施工现场的脚手架搭设不到位，存在隐患，操作平台上铺设的木板未满铺，空隙较大且未可靠固定。

杨某某未使用安全带的不安全行为和脚手架搭设不到位存在隐患的安全状态是事故发生的直接原因。

2）间接原因

①钢筋作业分包负责人罗某某对施工现场的安全管理不到位，未对施工人员进行安全技术交底，对工人不系安全带等违章行为没有及时制止。

②工程承包人庄某某无建筑施工的从业资格，所组织的施工队不具有建筑施工的资质条件，违规承揽工程项目并组织施工。庄某某对施工现场安全生产监管不力，脚手架平台搭设不到位，未组织对施工人员进行安全教育培训，也没有为施工人员提供安全带。

③塑料公司采购经理杜某某未认真审查施工方的建筑施工资质和相应的人员执业资格，违规将工程发包给个人。

④塑料公司将7#仓库屋面改造工程发包给不具有建筑资质条件的庄某某个人，并且没有对施工现场的安全生产工作统一协调、管理。

（4）事故教训和相关知识

在这起事故中，焊工从6米高的脚手架上发生坠落，有两个因素，一个是他在高处作业没有按照规定使用安全带，另一个是操作平台上铺设的木板未满铺，空隙较大且未可靠固定。两个因素相结合，于是导致事故的发生。如果两个因素有一个能够被消除，那么就有可能避免事故。

两个因素相比较，安全带的因素应该更为重要。安全带是预防或阻止高处作业人员发生坠落和造成伤亡事故最有效的防护用具，在建筑、供电等生产作业场所及攀登、探险、军事训练、灾害救援等领域被广泛使用。正是由于安全带的这一特性，因而安全带又被人们称为“救命带”，安全带在关键时刻的确能救人性命。

近年来，在工业生产、建筑施工中，因高处坠落造成的伤亡事故率较高。据有关部门统计，高处坠落事故大约占工伤事故的13%，其中5米以上的高处坠落事故约占高处坠落事故的20%，5米以下的坠落事故约占高处坠落事故的80%。事故频发虽有各方面的原因，但由此可以看出，采取必要的个人防护措施，防止高处坠落极为重要。安全带是简便、易操作的防坠落用品，但安全带的选择并不能盲目、随意，只有掌握正确的选择、使用方法，才能确保安全带发挥最佳的防护作用。

 34. 风电场下塔时不用安全滑块儿锁定钢丝绳致高处坠落

2015 年 4 月 29 日 12 时 40 分左右，河北某风力发电有限公司（本案例简称风力发电公司）某风电场发生高处坠落事故，造成 1 人死亡，直接经济损失约 130 万元。

（1）事故相关情况

风力发电公司主要经营投资、建设及经营发电厂，风电场勘测、设计、施工，风力发电机组成套安装、调试、维修等。

事发风电场项目地处承德市围场县境内，装机容量 4.95 万千瓦。该项目 2010 年 6 月开工建设，安装 33 台风机，2010 年 12 月并网发电。事发当年 1 月，风力发电公司与北京某风电工程技术有限公司（本案例简称风电工程技术公司）签订了风电项目风电机组技术服务合同，将风电机组的检修、维护、管理工作委托给风电工程技术公司进行专项技术服务支持。

（2）事故发生经过

事发当日，风力发电公司开展 40#风电机组出质保三方终检验收工作，工作班由 3 人组成，风机制造单位北京某科技有限公司（本案例简称科技公司）贾某某为工作负责人；风机维护单位风电工程技术公司张家口分公司孙某某、业主单位风力发电公司刘某某为成员。该机组为科技公司生产的机组，塔高 65 米。

2015 年 4 月 29 日 9 时 10 分，贾某某在风电场办理了作业票、危险点分析卡和互保协议书（协议签订人孙某某和刘某某的名字均为贾某某代签，作业票签发人是风电场场长闫某某，工作许可人是风电

场值班长范某某）。9 时 30 分左右，贾某某、孙某某、刘某某到达 40# 风机底部，贾某某宣读了安全措施，要求戴安全帽、穿安全鞋、系安全带、使用安全滑块儿，上下塔时盖盖板，防止触电，保持安全距离，小工具使用工具包携带等，宣读完后问孙某某和刘某某二人劳动防护用品是否检查完好，孙某某和刘某某回答完好后贾某某同意上塔。12 时 40 分左右完成机舱内终检验收工作内容，刘某某第一个离开机舱准备下风机，贾某某、孙某某 2 人在机舱收拾工具，大约2~3 分钟后，塔筒内传出异常声音，发出很大的声响，贾某某大声呼喊刘某某没有得到回应后，孙某某赶紧下塔，发现刘某某趴在一层平台爬梯底部，身体周围及塔筒内壁有大量血迹。

发生事故后，孙某某立即告知在塔筒外等候的司机，司机随即拨打“120”急救中心电话并向风电场场长报告。医院的急救车 14 时 30 分赶到事故现场，医务人员确认刘某某已无生命体征。

（3）事故原因分析

1）直接原因

刘某某违反操作规程登风机塔筒前未按规定携带安全滑块儿（防坠锁扣），下塔时不能使用安全滑块儿锁定安全钢丝绳（相当于没系安全带）。同时，刘某某下塔时操作失误，应该将安全带上的 O 形环扣入助爬器环形钢索上的挂接环，结果他没有扣入挂接环内，而误将助爬器（助爬器由驱动电机和减速器组成，有反向阻力，能减缓下滑速度）环形钢索套入 O 形环内，此时，环形钢索只起到导向作用而无任何防坠作用，导致发生坠落事故。

2）间接原因

①工作负责人贾某某没有完全履行监护职责，未对工作班的安全防护用品进行检查，也未对工作人员安全防护用品的使用状况进行检查。

②风力发电公司劳动防护用品发放未建立台账，未能监督从业人员按使用规则使用劳动安全防护用品，公用安全带、安全滑块儿管理未建立领取、送还、检验及登记制度。

③风力发电公司未能督促从业人员严格执行本单位的安全生产规章制度和安全生产操作规程。生产安全事故隐患排查不及时，违反操作规程的行为未及时得到制止和纠正。

（4）事故教训和相关知识

这起事故的发生比较意外，作业人员由于未按规定携带安全滑块儿，下塔时不能使用安全滑块儿锁定安全钢丝绳，并且操作失误，导致发生坠落事故。

安全带的结构和使用都比较简单，但是不能麻痹大意，高处作业前的检查工作不能走过场，必须严密周到，认真细致，不能马虎大意，否则就会害了自己。

相关企业要认真吸取事故教训，加强公司内部管理，完善管理制度，切实落实安全生产责任制和操作规程。企业要专题研究针对高处坠落等人身安全事故的防范措施，深入挖掘本次事故背后的管理漏洞，从人员、设备、技术、制度等方面提出改进措施，最大限度地提高现场作业人员的人身安全保障水平。同时要求安全管理人员必须保持对安全生产的高度警惕和全身心投入，加大对生产现场的各个环节、各类设备的安全检查、督查，真正掌握现场的实际情况，增强安全生产管理的精准度，把保障安全生产的各项措施落到实处。

35. 安装避雷针过程中未使用安全带发生高处坠落

2013 年 6 月 8 日上午，邯郸某建筑安装有限公司（本案例简称建筑安装公司）在邱县教育园区中学西校区四层楼顶进行避雷针安装施工，电工班李某某不慎失重坠落，经抢救无效死亡。

（1）事故相关情况

建筑安装公司位于邯郸高新区。

（2）事故发生经过

2013 年 6 月 8 日 9 时 10 分，建筑安装公司在邱县教育园区中学西校区四层楼顶，进行避雷针安装施工。作业中，电工李某某不慎失重坠落，现场作业人员武某某发现后，立即拨打了医院急救中心电话，当时李某某已处于昏迷状态。5 分钟后医院救护车赶到现场将伤者送往医院，经过两个多小时的抢救，最终伤者因头部受到重伤导致死亡。

（3）事故原因分析

1）直接原因

电工李某某在安装避雷针过程中，违反安全操作规程，未使用安全带，致使坠落死亡，是造成此次事故的直接原因。

2）间接原因

①建筑安装公司邱县教育园区项目部安全管理不到位，安全隐患排查制度、安全操作规程不落实，安全体制不健全，未设立专职安全员。

②建筑安装公司安全培训教育不扎实，职工安全意识差，在作业过程中没有做到随时观察现场安全情况，缺乏最基本的专业知识和自我保护能力。

③建筑安装公司邱县教育园区项目部经理韩某某、安全监理王某某安全监管责任落实不到位。

（4）事故教训和相关知识

在这起事故中，电工在安装避雷针过程中违反安全操作规程，未使用安全带，结果发生高处坠落导致死亡。

从事高处作业，能否遵章守纪自觉采取安全防护措施，主动使用安全带，说到底是个人安全意识和自觉性问题，安全意识和自觉性能反映出一个人的自制能力，是能否遵章守纪的具体体现。安装避雷针，对电工来讲并不是什么难事，如果楼顶是平顶，那么危险性也不会很大，只要在临近楼顶边缘的时候稍加注意，就不会发生坠落事故。但是，如果能够不怕麻烦主动使用安全带，那么安全系数无疑会更高。

要知道，安全生产各项规章制度的落实，不是靠别人的督促来实现，而是需要每一个人自觉自愿地去做，这不仅是对社会和企业安全工作负责，也是对自己和家人负责。

36. 在桁架平放时移动脚手架失稳侧翻致人员高处坠落

2013 年 5 月 30 日 16 时 50 分左右，在中国医药城会展中心 6 号展馆，泰州市某广告有限公司（本案例简称广告公司）在拆卸展台桁架时，发生一起高处坠落事故，造成 1 人死亡，直接经济损失约 78 万元。

（1）事故相关情况

广告公司主要经营设计和制作路牌、灯箱、布幔、影视、广播、礼品广告等。

事发前，广州市某展览服务有限公司租赁中国医药城会展中心 6 号展馆举办第二届泰州国际机床及工模具展览会，江苏某数控机床进出口有限公司受邀参展，委托广告公司进行展台的设计、广告布幔的制作和展台的搭设。后来，广告公司将展台搭设、拆卸工作分包给翟某某，翟某某负责提供展台桁架，组织施工人员进行搭设、拆卸展台。

（2）事故发生经过

事发当日下午，展览会闭幕。14 时左右，翟某某带领陈某某等 3 名施工人员来到会展中心，对展台进行拆卸。16 时 50 分，翟某某等人开始拆除南侧展架的一个“门”字形桁架（高约 5 米，跨度约 5 米）。他们先将该桁架与相邻桁架之间的连接螺栓拆除，然后将桁架整体平放，陈某某和张某某（由翟某某雇用）各站在 1 台移动脚手架的操作面上（距地面约 4 米高），用绳子绑住桁架横梁两端，并拉住绳子，翟某某和李某某（翟某某的妻子）站在地面扶住桁架立柱，上下配合进行桁架整体平放。在平放过程中，陈某某所站的移动脚手架侧翻，陈某某坠落至地面。

事故发生后，陈某某被送往医院抢救，经抢救无效死亡。

（3）事故原因分析

1）直接原因

桁架拆卸方法不当，在桁架平放过程中，因移动脚手架无法承受桁架和绳子的拉力，导致移动脚手架在受力时失稳侧翻。

2）间接原因

①广告公司作为展台搭设的承包方，将展台桁架搭设、拆卸分包给个人，未对分包人进行安全教育培训及技术交底，未对施工现场进行安全管理。

②翟某某作为个体工匠、展台拆卸的现场组织者，没有接受过相关部门的安全生产专业知识培训，不具备安全管理知识和能力，现场采取的拆卸方法不当。

（4）事故教训和相关知识

从这起事故的经过来看，为了把桁架整体平放，以利于拆卸，在桁架两侧各放置 1 台移动脚手架，用绳子绑住桁架横梁两端，两人在移动脚手架上拉住绳子，然后将桁架放倒。在桁架平放过程中，陈某某所站的移动脚手架侧翻，陈某某随着移动脚手架坠落至地面。坠落高度大约 4 米，在通常情况下，人员不至于死亡，据分析陈某某没有戴安全帽，坠落地面时头部碰撞到硬物，受伤比较严重，导致死亡。

搭设展台、拆卸桁架这类工作，与建筑施工相差很多，其中最大的差别就是作业人员常常不使用安全帽和安全带。在建筑施工中，如果施工人员不使用安全帽和安全带，会立刻得到相关人员的纠正并受到处罚，而从事展台搭设、拆卸桁架这类工作的施工人员，则没有这样的习惯。从保证自身安全、保证他人安全的角度，进行高处作业时，戴安全帽是十分必要的。

37. 外墙清洗作业未使用防止绳索磨损的衬垫致人员坠落

2010 年 12 月 11 日 10 时 30 分许，朝阳区某公寓发生一起保洁人员高处坠落事故，事故造成 1 人死亡，直接经济损失约 40 万元。

（1）事故相关情况

北京某清洗服务有限公司（本案例简称清洗服务公司）主要经营住宅、酒店、商场、工厂、写字楼，商住楼、综合市政等物业的日常保洁、绿化养护、高处外墙清洗等专业化服务工作。

（2）事故发生经过

事发前，北京某物业管理有限公司（本案例简称物业管理公司）与清洗服务公司签订公寓外墙玻璃清洗合同，并于当日开始进行清洗作业。

事发当日上午，清洗服务公司工人谢某某、梁某某（两人均有高处悬吊作业建筑物表面清洗特种作业操作证）来到公寓清洗北侧、南侧外墙玻璃现场。10 时 30 分许，谢某某在清洗该公寓东北侧外墙时，由于身上所系工作绳与 16 层阳光房顶部外沿接触磨损后断裂，致使其从 11 层作业面坠落至该楼 3 层平台（坠落高度约 30 米），经“120”急救医生现场抢救无效死亡。

（3）事故原因分析

1）直接原因

谢某某安全意识淡薄，违章操作，作业中仅使用了工作绳，未使用生命绳；未按规定使用防止绳索磨损的衬垫，致使工作绳与 16 层阳光房顶部凸出处接触磨损后断裂，导致发生事故。

2）间接原因

①按照技术规范规定，悬吊作业时屋面应有经过专业培训的安全员监护，但是在实际清洗作业时，楼顶和地面都没有设专人监护。

②清洗服务公司经理周某某作为该单位的安全生产工作第一责任人，督促、检查本单位安全生产工作不到位。

③清洗服务公司所制定的施工方案针对性不强，未设置安全员对现场进行专人监护，未及时发现谢某某违章作业的事故隐患。

（4）事故教训和相关知识

座板式单人吊具悬吊作业安全技术规范要求：工作绳、柔性导轨（生命绳）、安全短绳必须同时配套使用；每次作业前应检查建筑物凸缘或转角处的衬垫是否垫好。高处作业清洗前应查看作业现场，确定作业方案，重点查看屋顶状况和作业路线。经查，清洗服务公司为公寓外墙玻璃清洗作业人员配备了工作绳、生命绳、防止绳索磨损的衬垫，但谢某某作业前未按规定认真勘查作业路线；谢某某作业中仅使用了工作绳，未使用生命绳；谢某某未按规定使用防止绳索磨损的衬垫，致使工作绳与 16 层阳光房顶部凸出处接触磨损后断裂，导致发生事故。因此，这是一起由于作业人员安全意识淡薄，施工单位安全管理不到位所导致的生产安全责任事故。

对于这起事故，事故企业应从事故中吸取教训，应经常对作业人员进行安全教育，使作业人员学习安全操作规程，切实提高作业人员的安全意识。公司应按照规定派驻安全员现场监督检查，监督作业人员是否按照操作规程作业，安全防护措施是否到位，发现问题应及时整改。对于作业人员来讲，作业前应熟悉现场的环境，认真检查和作业有关的设备设施，工作绳、柔性导轨应注意预防磨损，在建筑物的凸缘或转角处应垫有防止绳索损伤的衬垫。在作业时，作业人员应先系好安全带，再将自锁器按标记箭头向上安装在柔性导轨上，扣好保险，最后上座板装置作业。检查无误后方可进行悬吊作业。在垂放绳索时，作业人员应系好安全带。绳索应先在挂点装置上固定，然后缓慢下放，严禁整体抛下。

38. 外墙清洗作业未将安全带自锁器安装好致高处坠落

2010 年 10 月 21 日，北京西城区某公寓 5 号楼外立面清洗工程施工现场发生一起高处坠落事故，造成现场作业人员代某某当场死亡。

（1）事故相关情况

北京某保洁有限责任公司（本案例简称保洁公司）主要从事清洗保洁工作。

事发前，北京某物业管理有限公司与保洁公司签订合同，工程内容为公寓 8 栋楼的外立面（包括墙体和窗户）清洗。

（2）事故发生经过

事发当日 7 时 20 分，保洁公司使用金某某临时雇用的代某某、杨某某、伍某某、常某某（其中死者代某某无高处作业类特种作业操作证），进行公寓 8 栋楼的外立面清洗工作。

7 时 55 分左右，作业人员代某某自 11 层楼顶翻越两侧铁栏杆及女儿墙后，在上座板装置的过程中，同工作绳、座板装置等工具一并从 11 层坠落到地面。7 时 58 分现场工人拨打“120”急救电话，医疗救援人员到达事故现场检查后确认代某某已死亡。

（3）事故原因分析

1）直接原因

作业人员代某某在进行清洗外立面作业时，在未将工作绳固定在楼顶挂点装置的情况下，未按照规定将安全带的自锁器安装在柔性导轨上并扣好保险，盲目上座板装置，违章作业，导致工作绳从挂点装置脱落时，坠落保护系统不能提供必要的保护，致使其坠落死亡。

2）间接原因

①清洗工程施工现场组织者金某某未制定安全生产规章制度和相关操作规程，在未核实作业人员代某某特种作业操作证的情况下，贸然组织高层建筑物外立面清洗工作。

②保洁公司将清洗工程发包给不具备安全生产条件的个人金某某，未制定施工方案，未对工程现场所有作业人员的特种作业操作证进行核实。

③保洁公司法定代表人程某某，未建立本单位安全生产责任制，未明确作业现场安全责任及分工。

（4）事故教训和相关知识

进行外墙清洗作业，施工单位应建立健全安全生产责任制，制定安全生产规章制度和相关操作规程，核实现场作业人员作业资格，严禁冒险作业。作业人员也要提高安全意识，掌握安全操作规程，熟悉施工作业环境，按照安全操作进行作业，而不能擅作主张冒险作业。

班组应对措施和讨论

高处坠落事故是由于高处作业引起的，故可以根据高处作业的分类形式对高处坠落事故进行简单的分类。根据《高处作业分级》(GB/T 3608—2008) 的规定，在距坠落高度基准面2米或2米以上有可能坠落的高处进行的作业，称为高处作业。根据高处作业者工作时所处的部位不同，高处作业坠落可分为：临边作业高处坠落，洞口作业高处坠落，攀登作业高处坠落，悬空作业高处坠落，操作平台作业高处坠落，交叉作业高处坠落等。根据高处作业的性质和环境不同，高处作业坠落事故又可分为一般高处作业坠落事故和特殊高处作业坠落事故，例如雪天高处作业坠落事故、雨天高处作业坠落事故、夜间高处作业坠落事故、带电高处作业坠落事故等。

1. 有关高处作业的典型事故案例

高处作业之所以容易导致事故的发生，原因多种多样，但比较集中的原因，是大多数作业人员安全意识不强，忽视危险，没有做好自身的安全防范措施。我们来看几个有关高处作业的典型事故案例。

(1) 维修工未系安全带接物时不慎坠落

不久前曾发生过这样一起高处作业坠落事故。事故经过很简单，车间对管架上的管道进行维修，由于急着开车，维修工加班赶进度。午饭时，车间分管领导带领维修工到厂外吃饭，吃饭时喝了点儿酒，饭后继续加班。上班后，有一位年轻的维修工在管架上需要一个工件，下边的人习惯性地把工件往上面扔，悲剧随之发生。在管架上的那位维修工在接物时，由于没有系安全带，从2米多高的管架上掉了下来，不幸头部撞到设备，当即死亡。

事后对这起事故进行分析发现，参加维修的人员安全意识淡薄：登高不系安全带；车间分管领导明知班中不能饮酒，却带头饮酒；违反规定高处作业时从下面往上扔东西。如果在检修时按安全规定施工，也许事故就不会发生。

(2) 从2米高的梯子上摔下致死

那年8月的一天，黄某与王某一起床就被班长叫住了，安排他们去把大楼外墙的洞补一下。“洞，就是那个直径半米左右的小洞?”黄某一阵纳闷，不禁问了一句。“对，你们去补一下。要当心哦，先搭个钢管脚手架，再系好安全带，再……”黄某心里嘀咕道：补这么个小洞，还用搭脚手架？这么一点儿小事，不必兴师动众。他根本没把班长的话当回事。

来到大楼底下，黄某和王某抬头看了看那个洞。说它低吧，不低；说它高吧，也不算太高，也就2米多高，搭个梯子就能够完成。正巧，在不远处有个铝合金人字梯，于是黄某随手将安全帽往脑袋上一扣，搬过梯子，爬上了靠在墙上的铝合金人字梯。黄某一边爬一边得意扬扬地想着：这不是挺好的，幸亏没听班长的，搭什么脚手架，那要干到什么时候。看来今天可以早点儿下班了。黄某正胡思乱想着，突然觉得身体晃了一下，就摔下了梯子。

当王某看到黄某从空中摔下来时，一下子被吓傻了。幸好他还记得救人，马上拦了一辆车，将黄某送到了附近的医院。虽然医生竭尽全力抢救，但黄某终因脑部严重受伤，经抢救无效死亡。

事后，事故调查小组认为：该事故的主要原因是违章操作。事故的直接原因，是黄某虽然经过三级安全教育，上岗前又接受了安全技术交底，但自恃有多年工作经验，且这个任务工作量小，因此无视班长的意见及安全操作规范，违章作业而导致了该起事故的发生。

(3) 关键时刻安全带救了命

那年10月，彭某从学校毕业被分配到橡胶厂聚合车间上班，不久就赶上装置年度停车大检修。当时，彭某所在的溶剂回收工段脱水塔有约30米高。那一次，由于设备长周期运转，溶剂夹带的胶液在塔壁上结成厚厚的一层胶。此次检修，就是要进行脱水塔清胶。

那是一个雨后的清晨，彭某身穿雨衣头戴安全帽，拿着工具在深秋的冷风中爬到离地面约10米高的塔上。已上班多年的班长也上了塔，在给几位班员讲完检修操作要领后，对彭某说："按照安全检修规定，在离地面2米的地方作业要系好安全带，这里离塔底有约10米高，你进塔清胶前一定要系上安全带，外面张师傅做监护。"彭某感觉系上安全带不方便，便说："系上安全带不好干活儿，我不系了吧。""不行！万一出了事我怎么向你的家人交代？"班长严肃地责问道。彭某只好乖乖地系上安全带，固定好了才进塔检修。

进塔后，彭某双脚踏在塔壁边的槽架上，一只手打着电筒，一只手使劲地铲着塔壁上牢牢黏附的胶。大约过了半小时，当彭某正准备挪到下一层时，彭某手中的工具落到塔底发出沉闷的撞击声，感觉身体像被什么人牢牢地抱住一样不再往下坠。原来，是安全带拉住了彭某，将彭某稳稳地吊在了半空中。这时，班长闻讯从塔顶爬下来，把彭某拉了出来说："你看，要是刚才不听劝告，会是什么结果？"好险啊！彭某好半天低着头，满脸通红。

2. 做好高处作业的安全措施

预防高处作业人员坠落事故，关键是要做好各项准备工作，采取预防措施，预防可能发生的事故。

（1）高处作业前，相关人员应进行安全技术教育及交底，落实安全技术措施和使用劳动防护用品，条件不合格不得进行施工。

（2）对高处作业人员要严格进行身体检查。患有高血压、心脏病、贫血、癫痫病等人员，不得安排从事高处作业。

（3）高处作业人员必须经过培训上岗。凡从事高处作业的人员应接受高处作业安全知识教育；特殊高处作业人员应持证上岗。

（4）严格按规定使用安全防护设施。高处作业应使用脚手架、平台、梯子、防护围栏、挡脚板、安全帽、安全带和安全网等，作业前后要认真检查所用的安全设施是否牢固可靠。施工单位应为作业人员提供合格的安全帽、安全带等必备的个人安全防护用具，作业人员应按规定正确佩戴和使用。

(5) 高处作业时工具、材料严禁投掷，上下立体交叉作业确有需要时，中间须设隔离设施。高处作业应设置可靠扶梯，作业人员应沿着扶梯上下，不得沿着立杆与栏杆攀登。高处作业人员应设置联系信号。施工单位应按类别，有针对性地将各类安全警示标识悬挂于施工现场各相应部位，夜间应设置红色警示灯。在雨雪天进行高处作业应采取防滑措施，现场的冰、霜、水、雪等均须被清除。当风速在10.8 米/秒以上和遇到雷电、暴雨、大雾等气候条件，不得进行露天高处作业。当恶劣天气过去后，必须对各类安全设施进行检查、校正、修理，使之完善。发现安全措施有隐患时，应立即采取措施消除隐患，当危及人身安全时，必须停止作业。

(6) 作业中使用的工具，如扳手、撬棍、角磨机等应采用安全保护绳，防止坠落。随手用的螺栓、垫片等应放入工具袋。作业中所有可能坠落的物件，应一律先进行拆除或加以固定。

(7) 高处作业时，管理人员和安全专职人员应加强巡视，发现有违反安全操作规程的行为应及时制止并予以纠正。

3. 高处坠落的现场处理

发生人员高处坠落受伤之后，应首先观察伤员的神志是否清醒，随后了解伤员坠落时身体着地部位。倘若头颅先着地，则以后脑部位着地最为严重，若伴有耳朵、鼻孔出血，说明情况十分严重；头的其他部位先着地时，可造成脑震荡、颅骨骨折、颅内出血、脑干损伤等伤害。若背部先着地可造成脊柱骨折、肾损伤、脊髓损伤，严重者可造成截瘫。若胸腹部先着地可造成肋骨骨折或内脏损伤，如肝脾破裂，且可引起内出血；肺损伤会造成气胸。若臀部先着地可造成骨盆骨折、会阴撕裂、尿道损伤，也可能造成脊柱骨折。若四肢先着地则会造成着地部位的骨折或复合性损伤。

在弄清了伤员的受伤部位后，应正确地进行现场急救处理，处理得良好与否，对进一步治疗的效果起着决定性的作用。据统计，除现场死亡外，摔伤者送往医院后导致终身残疾和死亡的，有 78.9%是由于在现场未经救治和处理或处理、搬运不当所致。如颅脑损伤，当看到伤者的耳朵、鼻孔有出血时，千万不要用手帕、棉花或纸团去堵塞，因为流出来的液体中除了血液以外，还可能有脑脊液，如果强行堵塞，会失去自然引流减压作用，可能形成颅内高压，加重脑水肿，且可增加颅内感染的机会，造成严重后果。现场抢救最多见的错误做法是盲目地搬运、背送、扛抬伤者的腰背部，容易造成脊椎错位，引起或加重脊神经损伤，甚至造成脊髓横断导致瘫痪。胸腹部或骨盆先着地可造成骨折和内出血，一旦遇到这种情况，最好将伤员平搬、平抬到硬板上，头侧向健侧，立即送医院急救。对四肢着地者应检查有无骨折，若伤者四肢某部位疼痛、肿胀、畸形或不能维持正常的生理位置，则为明显的骨折标志。对可疑骨折，应将伤者肢体用木板、棍子或金属板固定起来，也可将两腿包扎固定在一起，或将受伤的上肢固定在躯干上，以防止伤肢活动造成复合损伤。肢体固定的关键是关节部位，关节若能固定不活动就避免了血管、神经的继发性损伤。另外，要注意止血带的正确使用，防止影响血液循环，导致坏死性截肢的严重后果。

为了将伤者安全地送往医院，除了注意防止搬运继发损伤和途中呼吸道堵塞、出血等意外情况发生外，值得指出的是，尽可能不用拖拉机运送伤员，因为拖拉机行驶时车身摇晃、颠簸严重，容易加重伤者的伤情，以救护车运送为最好。

4. 班组讨论

（1）你在工作中遇到过高处作业吗？如果遇到过高处作业，你知道高处作业的有关规定吗？

（2）在高处作业时，你会按照要求戴好安全帽，使用安全带吗？如果高处作业距离地面并不很高，天气又很热，那么你是否还会坚持戴安全帽和使用安全带？

（3）如果班组有人在进行高处作业时不戴安全帽，不使用安全带，你会进行纠正吗？

（4）在你们班组、你们企业，曾经发生过高处坠落事故吗？你经历过或者听说过高处坠落事故吗？

（5）你知道对高处坠落人员的急救方式吗？你觉得了解这些知识有用吗？

三、焊接、切割作业现场事故

金属焊接、切割作业时，会产生高温、明火，且经常与可燃易爆物质及压力容器接触，因此，在焊接、切割操作中存在着发生火灾和爆炸的危险性。为了保证安全，焊工在焊接、切割作业前应了解作业现场环境情况，识别危险源，排除隐患，尤其在人流量较大的场所作业，更需要仔细地观察周围作业环境。如果发现有易燃易爆物，应将其清出场地，如果实在无法清理可在易燃易爆物上覆盖石棉板等难燃物品加以保护。如果现场有与明火相抵触的作业（如喷漆等），则应等其停止工作后方可进行焊接、切割作业。另外，进行焊接、切割作业前还要对设备进行认真检查，不可马虎大意。要知道，许多重大火灾就是由于焊接、切割作业时马虎大意造成的。

39. 焊接钢管产生火花引发罐体内沼气爆炸

2015 年 10 月 23 日 9 时 40 分左右，某环保科技服务有限公司（本案例简称环保科技服务公司）12 000 吨/天高浓度有机废水资源化处理工程（本案例简称废水处理工程）在施工过程中，厌氧反应罐发生爆炸，造成 4 人死亡、1 人受伤，直接经济损失约 2 698.37 万元。

（1）事故相关情况

环保科技服务公司主要经营环保技术研发、技术转让、技术服务；环保设备开发、生产、销售；环保工程咨询、设计、施工总承包及运营等。

废水处理工程位于泰兴经济开发区，由环保科技服务公司投资建设，主要用于处理有机废水、发电。环保科技服务公司将废水处理工程直接发包给公司甲总承包，并委托监理公司对工程实施监理。公司甲又将该工程划分为土建工程、厌氧系统、好氧系统、沼气发电系统 4 个标段，进行专业分包，其中厌氧系统的施工及技术指导分包给公司乙，公司乙将厌氧系统的罐体安装分包给公司丙，将沼气发电系统的施工分包公司丁，公司丁将其中的沼气发电机组及附属设备的安装分包给公司戊。

厌氧系统建设至事故发生时，中和罐、厌氧反应罐（高约 22 米，直径约 16 米）本体安装结束，公司丁正在为其安装外接管道。

（2）事故发生经过

因厌氧系统安装结束需要进行调试，在厌氧反应罐部分外接管道未安装、工程未完工的情况下，公司甲与公司乙商定，提前向厌氧反应罐投放颗粒污泥，培养厌氧反应罐内厌氧环境，由公司甲负责采购、投放颗粒污泥，公司乙负责技术指导。

公司甲技术负责人王某某通知监理公司，近期将向厌氧反应罐投放颗粒污泥，10 月 20 日加入废水会反应产生沼气，10 月 20 日以后不能再在厌氧反应罐周围动火作业。10 月 15 日左右，王某某又将该情况通知了公司丁项目经理张某某，张某某将该情况告知了公司戊施工队长汪某。

10 月 11 日至 10 月 21 日，公司甲陆续向厌氧反应罐内投放了约 480 吨颗粒污泥，一直未加废水。

10 月 21 日，监理公司因厌氧反应罐西北侧的 1 根沼气外接管道焊接质量不符合要求，向公司丁发出工程联系单要求返工，张某某签收后安排汪某落实返工。22 日，汪某安排副队长王某、焊工杜某某和小工李某甲按工程联系单要求返工。当天，王某等 3 人用钢管和跳板，紧靠厌氧反应罐西北侧盘梯搭设了一个高 2.75 米的返工操作平台，并将存在焊接质量问题的钢管切割下来。

10 月 23 日上午上班后，王某、杜某某和李某甲在厌氧反应罐西北侧地面准备焊接的钢管。9 时左右，公司丙的李某乙、刘某某、甘某某、靳某某和秦某某 5 人到厌氧反应罐罐体上铆固保温棉护板。甘某某、靳某某和秦某某 3 人将安全绳系在罐顶围栏上，挂在罐体南侧作业，李某乙和刘某某 2 人在罐顶监护。9 时 30 分左右，杜某某和李某甲 2 人爬上返工操作平台焊接钢管，李某甲扶住钢管上口，杜某某负责焊接，王某则在地面上扶住钢管下口。9 时 40 分左右，杜某某开始对钢管接口进行电焊，约几秒钟后，焊接接口及钢管下口有热流喷出，随即发出一声巨响，厌氧反应罐爆炸，反应罐顶盖被炸飞，掉落在西南方向约 50 米处的污水处理池盖上。爆炸时，王某、杜某某和李某甲 3 人陆续逃离了现场。甘某某、靳某某和秦某某 3 人的安全绳断裂，掉在厌氧反应罐西侧平台上。李某乙和刘某某 2 人掉进厌氧反应罐内。

事故发生后，现场施工人员立即拨打“119”“110”和“120”电话，并立即组织施救。甘某某、靳某某和秦某某 3 人先被现场施救人员抬下送去医院抢救，李某乙和刘某某 2 人被稍后赶到的消防队员从厌氧反应罐内救出后送去医院抢救。李某乙、刘某某、甘某某和靳某某 4 人经医院抢救无效于当日死亡。

（3）事故原因分析

1）直接原因

10 月 11 日至 10 月 21 日陆续投放到厌氧反应罐内的颗粒污泥来自其他厌氧系统，夹杂少量未完全降解的有机废水，颗粒污泥在厌氧反应罐内自身代谢产生沼气。事发时，因施工人员焊接钢管产生火花，引发罐体内沼气爆炸。

2）间接原因

①环保科技服务公司改变了原编制的施工程序，在工程未完工的情况下，提前向厌氧反应罐内投放颗粒污泥，没有有针对性地重新组织研究、编制新的施工方案。

②安全交底不彻底。王某某在征询公司乙技术员戴某某能否提前向厌氧反应罐内投放颗粒污泥的意见时，戴某某未明确交代颗粒污泥在未加入废水的情况下是否会自身产生沼气，造成相关施工单位及施工人员误认为颗粒污泥不加废水就不会产生沼气。

③环保科技服务公司安全管理不到位。事故发生前，环保科技服务公司虽然通知了有关施工单位及施工人员在 20 日之后不能再在厌氧反应罐周围动火作业，但在 20 日之后未制止在厌氧反应罐周围动火作业。施工协调不到位，事发当天现场存在 2 家施工单位人员在厌氧反应罐罐体上、下交叉作业的情况。

④公司乙对投放颗粒污泥的技术交底工作检查不到位，未能及时发现交底不彻底的问题；在厌氧反应罐投放颗粒污泥后，现场安全检查不到位，未能及时发现并制止现场动火作业。

⑤公司丁在施工现场未设置安全管理机构，仅派一名不具备上岗资格的项目经理在现场实施管理。在公司甲通知 20 日之后不能在厌氧反应罐周围动火作业的情况下，未向环保科技服务公司提出动火作业申请，直接安排人员进行动火作业。

⑥监理公司超资质承接机电安装工程监理业务，在工程施工期间，将现场监理人员抽走，仅留下1名总监对工程实施监理。监理公司对公司丁不在现场设置安全管理机构的问题未采取强制措施。监理公司安全巡查不到位，未能及时发现、制止20日后在厌氧反应罐上动火作业及事发当日的交叉作业。

（4）事故教训和相关知识

沼气是各种有机物质在隔绝空气并在适宜的温度、酸碱度条件下，经过微生物的发酵作用产生的一种可燃烧气体。沼气属于二次能源，并且是可再生能源。

沼气是多种气体的混合物，一般含甲烷50%~70%，其余为二氧化碳和少量的氮、氢和硫化氢等，其特性与天然气相似。空气中如含有8.6%~20.8%（按体积计）的沼气时，就会形成爆炸性混合气体。沼气除直接燃烧用于炊事、烘干农副产品、供暖、照明外，还可作内燃机的燃料以及生产甲醇、福尔马林、四氯化碳等化工原料。经沼气装置发酵后排出的料液和沉渣，含有较丰富的营养物质，可用作肥料和饲料。

在这起事故中，管理人员与施工人员不懂沼气相关安全知识，误认为颗粒污泥不加废水就不会产生沼气，于是放心大胆地进行焊接作业，也没有采取额外的安全防护措施，由此导致爆炸事故的发生。

事故之后，调查组要求公司甲应认真履行项目总承包职责，应研究了解施工各环节潜在的危险，编制工程施工方案，指导各承建单位按方案施工。本次工程中尤其要认真组织制定事故厌氧反应罐中的颗粒污泥导出、置换施工方案，做好技术交底工作。公司甲应与各承包单位签订专门的安全生产管理协议，明确各自的安全生产职责；应切实做好安全生产统一协调、管理工作，定期进行安全检查，发现安全问题的，应当及时督促整改。

40. 焊接作业焊渣掉落脱硫塔内引燃易燃材料

2017 年 2 月 9 日 15 时 55 分左右，江苏某镍业有限公司（本案例简称镍业公司）烧结一分厂 1#脱硫塔在焊接法兰作业时发生一起火灾事故，造成 1 人死亡。事故造成直接经济损失 303 万元。

（1）事故相关情况

镍业公司主要经营镍合金生产、红土镍矿、矿产品生产技术研发、矿产品销售等。

镍业公司与南京某科技有限公司（本案例简称科技公司）就两条生产线烟气连续在线监测系统及粉尘在线监测系统工程签订产品购销合同，由科技公司万某某担任该项目负责人。其中一号生产线烧结一分厂 1#脱硫塔属于配套烟气脱硫环保设施，还处于建设安装阶段，未正式投入生产使用。

后来，科技公司人员在 1#脱硫塔烟气连续在线监测系统设备安装工程中因违规动火引发火灾，造成脱硫塔内防腐层（防腐层材料玻璃鳞片属于易燃材料）及设备损坏，但仍有部分防腐层保留完好。2016 年镍业公司停产，导致 1#脱硫塔烟气连续在线监测系统设备安装工程中断。2017 年 1 月 8 日，镍业公司和科技公司就 1#脱硫塔修复工程达成协议，约定继续履行合同。双方确定由曹某某（施工队负责人，主要承揽脱硫塔内防腐层施工）的施工队具体负责 1#脱硫塔内防腐层修复工程，并由科技公司与曹某某签订合作协议，镍业公司方面由装备部负责工程对接。

事故发生前，脱硫塔区域存在两种作业。一种是曹某某带领秦某某、伍某某、梁某某 3 名喷砂除锈施工人员，开始 1#脱硫塔内防腐层修复工程；一种是因安装烟气连续在线监测系统设备需预先在脱硫塔指定位置焊接法兰，由王某某、耿某某等人进行的焊接作业。事故发生时，1#脱硫塔区域共有喷砂除锈、法兰焊接6名人员在现场作业，其中塔内2人，塔外4人。

（2）事故发生经过

事发当日13时30分，秦某某、伍某某、梁某某到达1#脱硫塔进行喷砂除锈作业，曹某某因外出购置施工材料未在现场，秦某某在塔外制砂，伍某某、梁某某进入塔内作业。

14时许，王某某、耿某某、吴某某（焊工学徒）3人在未开具动火作业票并知道脱硫塔内有人员作业的情况下，到达1#脱硫塔烟囱外部第二层作业平台焊接法兰。耿某某负责将3个法兰通过预先开好的孔焊接到塔体上，吴某某负责调整焊把线、递焊条等辅助工作，王某某负责监火。

15时30分许，耿某某开始焊接第3个法兰，由于塔体上第3个法兰孔开孔偏小，耿某某便用焊条“冲焊”扩孔，焊渣从开孔位置掉落到脱硫塔内部。焊渣掉落后，在脱硫塔内部作业的伍某某看到有火星和烟气，并很快发现脱硫塔下部起火，便通过对讲机通知在其上方平台作业的梁某某赶快撤离。当伍某某从人孔撤离脱硫塔时，火势已在脱硫塔内迅速蔓延，梁某某未能从脱硫塔内及时撤出。随后，脱硫塔烟囱顶部出现明火并冒出黑烟，火势加剧。附近人员发现着火后立即向王某某、耿某某、吴某某等人呼喊，3人发现着火后随即撤离至安全地带。

事故发生后，现场人员通过电话呼叫救火，16时许镍业公司领导到达现场，随即叫来公司自备洒水车灭火，但因火势过大，未能控制住火情，随后向消防部门报警。16时20分许，消防大队赶到现场进行灭火，经过20分钟，现场明火被扑灭。16时50分许，消防人员进入脱硫塔内救人，发现梁某某仰卧在塔底部，四肢已被严重灼伤，立即将其抬出塔外，送至医院抢救，梁某某经抢救无效死亡。

（3）事故原因分析

1）直接原因

镍业公司焊工耿某某在没有动火作业审批手续的情况下，于脱硫塔外部进行焊接作业，导致高温焊渣掉落脱硫塔内部，引燃了脱硫塔内衬防腐层（玻璃鳞片）易燃材料，并引发脱硫塔内部火灾，造成在塔内进行除锈作业、未能及时撤出的施工队员工梁某某死亡。

2）间接原因

①镍业公司未建立健全本单位安全生产责任制。至事故发生时，公司主要负责人仍未组织签订本单位安全生产责任书，未明确各岗位的责任人员、责任范围和考核标准，对1#脱硫塔区域未明确划分安全管理区域，未明确安全责任和落实管理措施。

②镍业公司对单位安全生产工作和各部门履行安全生产职责情况的督促、检查不到位，未及时消除生产安全事故隐患。几年前，镍业公司1#脱硫塔就曾发生过一起因违规动火作业引发的火灾事故，且事故的直接原因和本次事故的直接原因基本一致。事故发生后，公司未严格按照“四不放过”原则进行调查处理，未认真分析事故原因，未明确事故责任，未严肃处理事故责任人员，未吸取事故教训加强安全生产管理，未采取措施整改存在的问题，未消除引发火灾事故的安全隐患（违规动火作业和脱硫塔内残留玻璃鳞片等易燃物品），导致事故隐患一直存在，直至引发本次事故。

③镍业公司安全生产管理机构和安全生产管理人员履职不到位：一是组织的安全生产教育和培训缺乏针对性、有效性；二是未能及时排查并消除生产安全事故隐患；三是未能辨识出在脱硫塔内喷砂除锈属于进入有限空间作业并依规采取相关措施；四是未组织对上一次火灾事故进行调查处理，未提出并采取防范事故（特别是重复事故）发生的有效措施；五是对外包项目及承包方派遣人员的安全生产管理

不到位。

④镍业公司对从业人员进行安全生产教育和培训不到位，致使本单位有关人员和承包方派遣人员安全生产意识淡薄、知识缺乏、技能不足。

⑤镍业公司有关人员及承包方派遣人员未能严格执行本单位的安全生产规章制度和安全操作规程。

（4）事故教训和相关知识

在这起事故发生之前，镍业公司 1#脱硫塔就曾发生过一起因违规动火作业引发的火灾事故，且事故的直接原因和本次事故的直接原因基本一致，都是由于焊接作业高温焊渣掉落脱硫塔内部，引燃了脱硫塔内衬防腐层易燃材料，并引发脱硫塔内部火灾。两起火灾事故不同之处在于，前一起没有人员伤亡，而后一起造成人员伤亡。

从安全管理角度来看，发生事故的管理方面的原因是安全管理混乱，有关规章制度不落实、执行不严格，作业人员不遵章守纪。例如，镍业公司未建立健全生产安全事故隐患排查治理制度，对事故的隐患未采取有效措施。再如，在进行法兰焊接作业时，动火作业申请人和组织人均未向公司安全生产管理部门报告，未办理动火审批手续，未进行动火情况分析，未消除火灾隐患和采取防止火灾发生的措施。

对企业来讲，动火作业、临时用电作业、检修作业、吊装作业、有限空间作业、高处作业等，都属于危险性较大的作业，容易发生人员伤亡以及火灾爆炸事故，是企业安全管理的重点，最需要进行严格审批监控，严禁违章指挥、违规作业。安全管理松懈，审批监控不严格，必然会导致事故。事实一再证明，没有严格的安全管理，不遵章守纪，事故就会不请自来。

 41. 动火作业前未清理现场地沟内油品引发火灾

2016 年 4 月 22 日 9 时 13 分左右，江苏某仓储有限公司（本案例简称仓储公司）储罐区 2 号交换站发生火灾，事故导致 1 名消防人员在灭火中牺牲，直接经济损失 2 532.14 万元。

（1）事故相关情况

仓储公司主要经营危险化学品仓储。公司 2005 年 5 月新建液体化工罐区及配套码头工程项目立项，2007 年 11 月一期工程开工，建设立式储罐 42 只及辅助设施，储罐总容量约 12.6 万立方米，于 2009 年 11 月竣工。2012 年 1 月二期工程开工，建设立式储罐 82 只、球罐 21 只及相关辅助设施，储罐总容量约 45.7 万立方米，于 2015 年 11 月竣工。

事故发生在 2 号交换站。2 号交换站内周边及管道下方设有地沟，用于收集管道转接时渗漏的物料和清洗管道的污水。地沟内污水被直接排入交换站东南角的污水井，再被泵入污水处理站。

公司 13 罐组的 8 只甲醇储罐由于没有连接至发车系统，甲醇需通过倒罐发车。为了减少倒罐环节，仓储公司副总经理朱某某与储运部副主任邵某某商定对 2 号交换站管道进行改造，将 8 只甲醇储罐连接至发车泵。事发当年 4 月 19 日，朱某某电话联系华东某建设安装有限公司（本案例简称建设安装公司）负责人黄某某，要求派人对 2 号交换站管道进行改造。黄某某于是安排许某（装配工）、申某某（电焊工）、陆某（打磨工）3 人于 4 月 21 日到仓储公司施工。

事故发生前，2 号交换站内存在 4 种作业。一是过驳作业。从 4 月 22 日 3 时 13 分开始，卸醋酸乙酯 600 吨至 2307 储罐。从 4 月 22 日 6 时 34 分开始，卸汽油 500 吨至 2411 储罐，作业持续到 4 月 22 日事故发生时。二是倒罐作业。从 4 月 21 日 21 时开始，2409 储罐

与 2405 储罐之间倒罐汽油 760 吨，作业持续到 4 月 22 日事故发生时。三是清洗作业。4 月 22 日 8 时 15 分左右，储运部操作工陈某某、曹某某、王某 3 人开始清洗 2507 管道（曾用于输送混合芳烃），清洗后的污水直接流入地沟。8 时 30 分左右，陈某某等 3 人开始打捞地沟及污水井水面上的浮油。四是动火作业。4 月 21 日 12 时 30 分左右，许某等 3 人开始改造 2 号交换站内管道。4 月 22 日事故发生时，2 号交换站共有监泵、清洗、动火、监火 8 名人员在现场作业。

（2）事故发生经过

4 月 21 日下午，许某等 3 人完成了钢管除锈、打磨和刷油漆等准备工作，并将位于 2 号交换站内东侧 2301 管道割断，在断口两侧各焊接一块接口法兰。当日动火开具了动火作业证，焊接点下方铺设了防火毯。储运部曹某某负责监火。

4 月 22 日上班后，许某等 3 人的工作是继续焊接 21 日下午未焊好的法兰，并对位于 2 号交换站东北角 1302 管道壁底开一直径 150 毫米的接口（接口距离地面垂直距离约 1 米，距离地沟水平距离约 1 米），将 1302 管道连接到 2301 管道发车泵上。

4 月 22 日 8 时左右，许某到安保部领取了 21 日审批的动火作业证，“监火人”栏中无人签字。8 时 10 分左右，申某某开始在 2 号交换站内焊接 2301 管道接口法兰，许某与陆某在站外预制管道，安保部污水处理操作工夏某某到现场监火。

4 月 22 日 8 时 20 分左右，申某某焊完法兰后到站外预制管道，许某到站内用乙炔焰对 1302 管道下部进行开口。因割口有清洗管道的水流出，许某停止作业，等待水流尽。在此期间，邵某某对作业现场进行过一次检查。

8 时 30 分左右，安保部巡检员陈某、陆某巡查到 2 号交换站，陆某替换夏某某监火，夏某某去污水处理站监泵，陈某继续巡检。

9 时 13 分左右，许某继续对 1302 管道开口时，立即引燃地沟内可燃物，火势在地沟内迅速蔓延，瞬间烧裂相邻管道，可燃液体外泄，2 号交换站全部过火。10 时 30 分左右，2 号交换站上方管廊起火燃烧。10 时 40 分左右，交换站发生爆管，大量汽油向东、西两侧道路迅速流淌，瞬间形成全路面的流淌火。12 时 30 分左右，2 号交换站上方的管廊坍塌，火势加剧。

事故发生后，仓储公司现场 3 名作业人员立即用灭火器对地沟进行灭火；9 时 15 分，现场人员通过对讲机呼叫救火，因地沟全部着火，现场人员撤出 2 号交换站；9 时 16 分开始，现场救援人员开启消火栓、消防炮、喷淋系统灭火、降温，呼叫中控室关闭 24、22、23、21、25 罐组阀门。仓储公司 2 名操作工进入 24 罐区关闭 2401（储存 1 309 吨汽油）和 2402 储罐（少量残留汽油）根部手动阀，由于火势较大，未能完全关闭阀门人员就撤出 24 罐区。

9 时 20 分，管道被烧裂，火势加剧，救援人员全部撤出罐区。2401 储罐手动阀仅转动 4 圈，未能完全关闭，中控室报警。

9 时 34 分，消防队赶到现场灭火，先后调集 290 辆消防车、1 768 名消防人员赶赴现场，将火场划分为东、西、南、北 4 个战斗区，分区域灭火和冷却。相关部门组织工作组并调集 5 支危险化学品专业救援队伍到现场参与救援。14 时，仓储公司组织人员进入罐区，先后关闭了 11、12、13、14、15、21、22 罐组储罐根部手动阀。18 时，第一次灭火总攻，大幅压缩东西两侧流淌火面积。23 日 0 时 30 分左右，第二次灭火总攻，火势减弱。1 时，仓储公司有关人员配合消防人员关闭了 24 罐组的 2401、2403、2404 等储罐及 23 罐组储罐的根部手动阀，火势明显减弱。23 日 2 时 4 分，历时近 17 个小时，现场明火被扑灭。

（3）事故原因分析

1）直接原因

仓储公司组织承包商在 2 号交换站管道进行动火作业前，在未清理作业现场地沟内油品、未进行可燃气体分析、未对动火点下方的地沟采取覆盖、铺砂等措施进行隔离的情况下，违章动火作业，切割时产生火花引燃地沟内的可燃物。

2）间接原因

①仓储公司特种作业管理不到位。动火作业相关责任人员不遵守签发流程进行工作，不对现场作业风险进行分析、确认安全，在动火作业证已过期的情况下，违规组织动火作业。

②仓储公司事故初期应急处置不当。现场初期着火后，仓储公司现场人员未在第一时间关闭周边储罐根部手动阀，未在第一时间通知中控室关闭电动截断阀切断燃料来源，导致事故扩大。仓储公司虽然制定了综合、专项、现场处置预案，并每年组织演练，但演练没有注重实效性，没有开展职工现场处置岗位演练，提升职工第一时间应急处置能力。

③仓储公司工程外包管理不到位。仓储公司对工程外包施工单位资质审查不严，未能发现施工人员以建设安装公司名义承接工程。仓储公司对外来施工人员的安全教育培训不到位，在 21 日许某等人进场作业前，巡检员对其进行的安全教育流于形式，未根据作业现场和作业过程中可能存在的危险因素及应采取的具体安全措施进行教育，考核采用抄写已有答案试卷的方式进行。

④仓储公司隐患排查治理不彻底。公司未按省、市文件要求组织特种作业专项治理，消除生产安全事故隐患。仓储公司先后因违章动火作业、火灾隐患等多次被有关部门责令整改、处以罚款。2016 年 3 月，2 号交换站曾因动火作业产生火情。

⑤仓储公司主要负责人未切实履行安全生产管理职责。仓储公司总经理未贯彻落实上级安监部门工作部署，在全公司组织开展特种作业专项治理，及时启用新的动火作业证；对公司各部门履行安全生产职责督促、指导不到位，未及时消除生产安全事故隐患。

⑥建设安装公司施工现场管理缺失。公司同意施工人员以该公司名义承揽工程，收取管理费，但不安排人到现场实施管理。4 月 21 日、22 日，许某等 3 人进入仓储公司作业前，公司未安排人到作业现场检查、核实安全措施，未对作业人员进行安全教育，未及时发现并制止施工人员违章作业行为。

（4）事故教训和相关知识

在这起事故发生之前，2 号交换站有 4 种作业同时进行，即过驳作业、倒罐作业、清洗作业、动火作业。其中最为危险的是清洗作业与动火作业同时进行。清洗后的污水直接流入地沟，地沟中存在大量浮油。而动火作业在给管道开口时，立即引燃地沟内可燃物，火势在地沟内迅速蔓延，瞬间烧裂相邻管道，可燃液体外泄，2 号交换站全部过火。所以，这起事故的发生，与作业组织不当直接相关。

事故之后，企业要深刻吸取事故教训，严格落实企业安全生产主体责任，强化现场安全管理，严格遵守国家法律法规的规定，落实安全生产主体责任，建立健全安全生产责任制、规章制度和操作规程，真正把安全生产责任落实到每个环节、岗位。企业应加强对从业人员的安全教育培训工作，增强员工安全意识和事故防范能力。企业要严格规范特殊作业管理，实行动火作业提级审批，引入第三方专业机构对动火作业实施管理。企业应加强隐患排查，尤其要发挥班组、全体员工排查隐患的作用，加大隐患治理力度，建立有效的隐患排查治理机制。企业应加强危险化学品储罐区等重大危险源的管控，加快危险作业场所自动化改造、标准化创建工作。企业应加强应急管理，完善应急预案，增强预案的适用性、针对性，定期组织开展综合演练、专项演练，尤其是开展现场处置岗位演练，提升企业员工第一时间处置突发事故的能力。

42. 维修人员在塔体底部锥体上焊接作业引发粉尘爆炸

2014 年 4 月 16 日 10 时，位于江苏省南通如皋市东陈镇的如皋市某化工有限公司（本案例简称化工公司）造粒车间发生粉尘爆炸，接着引发大火，造成 9 人当场死亡、8 人受伤，其中 2 人重伤，直接经济损失约 1 594 万元。

（1）事故相关情况

化工公司是一家专业化大型油脂化工民营企业，拥有员工近千名，年营业额超过 35 亿元，公司资产超过 25 亿元。

（2）事故发生经过

2014 年 4 月 16 日 10 时，化工公司造粒车间在 1#造粒塔正常生产状态下，没有采取停车清空物料的措施，维修人员直接在塔体底部锥体上进行焊接作业，致使造粒系统内的硬脂酸粉尘发生燃烧，继而发生粉尘爆炸，接着引发大火，导致造粒车间整体倒塌。

（3）事故原因分析

1）直接原因

在 1#造粒塔正常生产状态下，没有采取停车清空物料的措施，维修人员直接在塔体底部锥体上进行焊接作业，是导致事故发生的直接原因。

2）间接原因

①化工公司安全生产主体责任不落实，安全生产责任制未能得到有效执行。企业法定代表人未能认真到岗履职，未组织过安全生产检

查，未认真督促企业管理人员履行安全生产管理职责，对存在的重大事故隐患未及时发现并制止。

②化工公司安全管理缺失，在造粒车间随意动火。维修人员在没有停车、没有办理动火作业证的情况下，违章直接在设备本体上进行焊接作业；当班电工没有办理临时用电作业证，违章接电焊机的临时电源。员工安全教育培训不到位，事故隐患排查治理不彻底。

（4）事故教训和相关知识

事故之后在总结教训时，公司把技术力量不足、人员素质偏低作为造成这起事故的一个重要原因。化工公司在生产过程中涉及高温高压，涉及加氢等危险工艺，使用甲醇、氢气等重点监管危险化学品，但是没有配备设备、电气、工艺等方面的专业技术管理人员，整个公司的设备管理、电气管理、工艺管理等都由生产部部长蒋某某一人承担，而蒋某某仅为高中学历。事故中死亡的维修作业人员没有焊工特种作业操作证，不具备焊工作业的能力。化工公司安全投入严重不足，发生事故的造粒车间未执行基本建设程序，厂房为企业自行设计、安装；车间主要设备也是企业自行设计、制造、安装，未经正规的专业人员设计、正规的单位施工和安装，为事故的发生和扩大埋下了隐患。

按照相关规定，企业要设置安全生产管理机构或配备专职安全生产管理人员。安全生产管理机构要具备相对独立的职能。专职安全生产管理人员应不少于企业员工总数的 2%（不足 50 人的企业至少配备 1 人），要具备化工或安全管理相关专业中专以上学历，有从事化工生产相关工作 2 年以上经历，取得安全管理人员资格证书。对于特种作业人员，必须参加由具有特种作业人员培训资质的机构举办的培训，掌握与其所从事的特种作业相应的安全技术理论知识和实际操作技能，经相关部门考核合格，取得特种作业操作证后持证上岗。

 43. 违规在氨水箱顶部进行焊接作业引发爆炸

2015 年 1 月 17 日 14 时 50 分左右，在盘锦辽河某热电有限责任公司（本案例简称热电公司）脱硫成品车间氨水箱顶部发生一起焊接作业引发的爆炸事故，造成 1 人死亡。

（1）事故相关情况

热电公司主要经营生产和销售热能和电力等。热电公司隶属于北方某化学工业股份有限公司（本案例简称化工公司），为该公司二级单位，按照化工企业进行管理。

事发当年 1 月，化工公司与公司甲签订了建设施工合同，按合同约定，公司甲承揽了热电公司 2 号吸氨器安装工程。

事发当日，热电公司为公司甲项目部开具了公用装置检修作业票，工作内容为硫铵楼吸氨器管线焊接。热电公司同时开具了二级动火作业证，该证记载的动火部位为硫铵楼顶，动火时间为 1 月 17 日 9 时 10 分至 1 月 19 日 15 时 30 分，动火监护人为王某某，动火人为刘某某、马某某；热电公司动火部位负责人为解某某。

（2）事故发生经过

1 月 17 日，热电公司在正常运行中。14 时 20 分左右，从事建设项目的公司甲维修工程项目部焊工马某某和管工王某某，到热电公司脱硫成品车间氨水箱顶部配制氨水箱尾吸器水管线三通管件，焊工刘某某在地面负责动火监护和调整焊接电流。马某某、王某某将尾吸器水管线法兰拆开后，王某某做三通管件安装的准备工作，马某某焊接三通管件。二人闻到有氨气从拆开的法兰口处逸出，遂用白铁皮将法兰口遮盖。

14 时 50 分许，王某某突然闻到非常强烈的刺激性氨味，一边喊“快走”，一边通过氨水箱过桥跑向北侧工艺水箱顶部，随即听到身

后巨大的爆炸声，现场出现大量水雾，同时伴有强烈的刺激性气味。待水雾稍微消散，王某某发现焊工马某某侧卧在距氨水箱 5 米远的脚手架跳板上。

爆炸发生后，王某某呼唤马某某时没有得到应答，遂顺着笼梯下到地面，同时拨打“120”急救电话求救。因现场氨气味很浓，王某某与陆续赶到现场的同事和热电公司工作人员戴着防毒面具，从硫铵楼二楼窗口处将马某某抬进硫铵楼内，发现马某某头部前额和后脑位置有伤口流血，人已昏迷，呼吸渐弱，立即采取人工呼吸等措施进行现场急救，马某某仍未清醒，经赶到现场的“120”医护人员检查已死亡。

（3）事故原因分析

1）直接原因

公司甲项目部施工作业人员在未办理氨水箱顶部动火作业证的情况下，违规在氨水箱顶部进行动火作业，违规将氨水箱尾吸器水管线法兰拆开，致使氨水箱外空气进入箱内、箱内氨气溢出，在拆开的法兰口处形成氨气与空气组成的爆炸性混合物，达到爆炸极限，遇到焊接作业明火引发爆炸，是导致事故发生的直接原因。

2）间接原因

①公司甲项目部施工作业现场安全管理不到位，没有及时制止施工人员违规在氨水箱顶部动火的作业行为。公司没有明确交代动火部位以及禁止在二级动火作业证限定的动火部位以外的场所进行动火作业等事项，没有对二级动火作业证上指定的动火监护人进行安全交代。

②公司甲项目部未按规定落实安全生产教育培训制度，安全培训流于形式，培训内容不全面，对动火作业、危险辨识及应对措施等培训不到位，培训考核有伪造答卷的行为。

③公司甲项目部安全生产责任制不健全、落实不到位。动火作业随意更换动火监护人；动火作业时，安全管理人员未到作业现场进行安全管理；二级动火作业证指定的动火监护人和作业时实际的动火监护人均没有履行监护职责，没有制止在二级动火作业证限定的动火部位之外的场所动火作业行为。

④热电公司动火管理不规范，违反公司管理制度审批二级动火作业手续。动火作业当天为星期六，未按照动火作业安全管理制度相关规定将原二级动火作业提级办理为一级动火作业并办理相关手续。对外来施工人员没有重点交代动火部位以及禁止在动火部位以外的场所进行动火作业等事项。

⑤热电公司对重点生产区域安全管理、安全巡查和对外来施工单位动火作业管理不到位，未制止外来施工人员在氨水箱顶部违规动火作业行为。

⑥热电公司对公司甲项目部施工人员的安全培训不到位，没有对动火作业需要注意的事项和危险性进行重点培训，培训档案不健全。

（4）事故教训和相关知识

在这起事故中，焊接作业人员已经闻到氨水的刺激性气味，说明已经出现氨气泄漏，继续作业会十分危险。可能是缺乏相关知识或者是麻痹大意，焊接作业人员还是继续作业，直至发生爆炸事故。

进行类似的焊接作业，为了防止作业中发生火灾爆炸事故，可以对焊接或者热切割的工件采取安全的办法，例如拆迁、隔离和置换。拆迁，即在易燃易爆场所和禁火区域内，可以把焊接、切割件拆下来转移到安全地带进行焊接、切割；隔离，即对确实无法拆卸的焊割件，要把焊接、切割的部位或设备与其他易燃易爆物质进行隔离。置换，即对盛装可燃气体的容器、管道进行焊接、切割时，可将惰性气体、蒸汽或水注入容器、管道内，把残存在里面的可燃气体置换出来。总之，焊接作业安全第一，作业时要注意及时采取措施。

44. 进行电焊作业火花点燃酒精蒸气导致储罐闪爆

2010 年 7 月 23 日 8 时许，某药业股份有限公司（本案例简称药业公司）新建项目施工现场，两名焊工对新管道进行电焊作业时引起 500 米远的一个酒精废液罐闪爆，所幸无人伤亡。

（1）事故相关情况

药业公司为产权多元化的股份有限公司。

（2）事故发生经过

事发当日 8 时许，药业公司新建项目 A 车间（正在建，还未投产）施工现场，施工队队员陈某、林某（2 人都无特种作业操作证书）对一根管道进行电焊作业，引起 500 米远的一个酒精废液罐（10#罐）闪爆，爆炸产生的烟气通过与罐相连的管路（沿途相应的阀门均未关闭）窜入了 D 车间四楼操作室的流量计。10#罐因闪爆产生大量气体而超压，呼啸声很大，被值班人员发现并向上级部门报告，及时打开了排气阀卸压，未使事故扩大。

（3）事故原因分析

1）直接原因

动火作业前未对管道进行彻底清洗、置换、隔绝封堵，管道内有易燃易爆气体，未用可燃气体检测仪或其他类似手段进行动火分析。电焊作业产生的焊渣火花点燃了管口散发出的酒精蒸气，火焰顺着 500 多米的管道回火到与之相连的 10#酒精罐内，遇爆炸性混合气体引起闪爆。

2）间接原因

①特种作业人员无证上岗，不懂安全操作技术知识，安全意识淡

薄，违章冒险蛮干，未办理动火作业手续，未采取安全防火措施就进行动火作业。

②施工现场管理混乱，公司对事故隐患整改不力。施工现场临时电线乱拉、漏电保护器不动作、气瓶皮管老化、灭火器材失效、建筑垃圾乱放等现象以及“三违”现象（违章作业、违章指挥和违反劳动纪律）很普遍，长期得不到纠正。

③生产系统工艺设计上有缺陷，A 车间连到 D 车间罐区的管道途经 B、C 两个非防爆车间，造成防爆区范围扩大。

④建设项目未经安全许可就开始建设，为事故的发生埋下隐患。

（4）事故教训和相关知识

事故发生后，通过调查发现，新建项目 A 车间的粗晶工艺用到酒精，产生的酒精废液通过管道用泵打到已投产的 D 车间罐区，该罐区共有 20 个危险化学品储罐。经回收处理后的成品酒精再用泵打回 A 车间，全程通过 500 多米的架空管道输送，途经 B、C 两个非防爆车间。发生闪爆的是 10#酒精罐，该罐在事故发生前已停用 1 个多月，罐内虽已排空，但未进行清洗置换，仍有残余酒精废液。10#罐引出的一根新管道接到正在建的 A 车间已有一段时日，10#罐内挥发出来的酒精蒸气正好沿着该管道传递扩散。7 月 23 日，施工人员对这根管道实施焊接作业，引发了这起闪爆事故。

这起事故虽未造成人员伤亡，却暴露出了该公司和建设施工单位在工程设计、安全管理上还存在着诸多问题，必须深刻吸取教训，采取有效防范措施，避免重蹈覆辙。

1）加强员工安全教育和培训，提高员工安全意识，形成自觉“反三违”的良好习惯。焊接作业属特种作业，焊接作业人员必须经专门的安全作业培训，获得特种作业操作证书后，方可上岗作业。

2）认真落实动火作业安全管理制度，尤其是危险化学品企业的新装置、新设备的动火作业。新装置、新设备可能存在的危险容易被忽视，认为不会出问题，动火作业时往往带有盲目性。动火作业前，一定先要确认各项安全防火措施是否到位，才能签发动火作业证。

3）加强施工现场安全管理，开展经常性安全检查，严厉制止违章作业行为，及时消除事故隐患。

45. 高处焊接作业火星落入储存环已烷的储罐引发闪爆

2011 年 3 月 4 日 9 时 40 分左右，抚顺某石化公司（本案例简称石化公司）在对丁苯装置进行技术改造过程中，施工人员在动火切割干燥床氮气管线时，火星落入储存环已烷的储罐发生闪爆事故，事故造成罐体移位，并将附近部分建筑物的玻璃震碎。

（1）事故相关情况

石化公司是大型石油化工联合企业，有 80 年的发展历史，主要生产装置 77 套，有员工 22 766 人，公司下辖 11 个生产企业，资产总额 209 亿元，年销售收入近 500 亿元。

石化公司丁苯装置于 2002 年 10 月建成投产，先后经过两次技术改造。为进一步降低原料水分含量、提高产品质量、实现连续满负荷生产的目标，公司决定对丁苯装置进行技术改造，改造项目共计 33 个。施工单位公司甲承担了其中设备拆除及工艺管线安装、设备安装及配管的工作。

（2）事故发生经过

事发当日 9 时 40 分左右，公司甲对丁苯装置进行技术改造工程施工，在装置精制三层平台动火切割干燥床氮气管线过程中，因火星从未盖严的人孔落入储存有环已烷的储罐内，引起罐内环已烷与空气形成的爆炸混合气体闪爆。现场人员立即报火警，消防车及时赶到，经过6分钟扑救将火扑灭。事故造成该罐罐顶被崩落到东侧的二层平台上，罐体移位，并将附近部分建筑物的玻璃震碎。

（3）事故原因分析

1）直接原因

在进行高处动火作业前，作业人员未按动火作业证的要求采取现场防止火花飞溅的措施。动火作业时，火星从装置精制三层平台溅落，经未盖严的人孔落入储存有环己烷的储罐内，引起罐内达到爆炸极限的环己烷与空气形成的爆炸性混合气体闪爆。

2）间接原因

①公司对停用装置和危险物料疏于管理。发生爆炸的储罐是一个长期不用的废罐，丁苯装置停工后，因装置内有一部分环己烷废液无处存放，暂存于储罐中。由于要进行装置技术改造工程，车间将罐内环己烷废液进行了外排处理，但没有对罐内残留的少量环己烷进行吹扫置换，从而留下隐患。

②防火安全措施落实不到位。动火作业在装置三层平台进行，现场未按动火作业证的要求，采取防止火星飞溅的措施，造成火星从未盖严的人孔落入到储罐内，引起闪爆。

③车间管理人员和岗位人员安全生产意识淡薄，安全素质不高，责任心不强，缺乏对各种风险因素的识别能力。该车间生产主任、安全员、现场监火人在动火作业前没有对废弃的环己烷储罐中存在的危险因素引起足够重视，尤其现场监火人曾参与了对储罐中的环己烷处理工作，明知罐中的环己烷没有被完全处理掉，但在动火作业前对这一最重要的危险因素却没有进行识别和防范，最终酿成事故。

④公司对外来施工人员的安全教育和安全技术交底工作不到位。事故调查发现，该施工单位入厂作业前，该厂只对其进行了厂级安全

教育，没有进行车间级安全教育，而且未按规定有效履行风险告知和安全技术交底工作，施工人员对作业区域的安全风险以及如何避免风险了解不全面。

（4）事故教训和相关知识

这起高处动火作业之所以能够转化为爆炸事故，是因为施工作业安全管理存在着薄弱环节，有多处违章的情况发生。一是施工单位作业人员没有遵守该企业安全规章制度，作业前未签订工程安全生产合同，未办理施工作业证就进行施工作业；二是丁苯装置有关管理人员不但没有制止施工单位的违章，反而在没有工程安全生产合同和施工作业证的前提下，开具动火作业证；三是在切割一段距离三层平台 4 米多高的管线时，作业人员既未开具高处作业证，又未搭设临时作业平台，违章骑在管线上进行动火切割作业；四是没有执行该企业动火管理规定中一张动火作业证只对一处动火作业有效的规定，在一张动火作业证上填写了二层平台和三层平台两处动火点。

这起事故对一些企业具有警示的意义，化工企业对于长期停用的装置或各类废弃的储罐、管线及其他容器，绝对不允许在其中存放各种危险物料。相关企业要深刻吸取此次事故教训，组织开展对长期停用的装置或各类废弃的储罐等的排查和清理工作，加强风险管理，对残余的物料进行彻底吹扫置换，确保安全。

46. 在危险化学品储罐区违章进行电焊作业致使储罐爆燃

2017 年 5 月 18 日 18 时许，王某某在位于松原市乾安县自家院中非法建设危险化学品储罐，非法储存、经营危险化学品，雇人进行电焊动火作业时，发生爆燃事故，造成 1 人死亡，直接经济损失约 150 万元。

（1）事故相关情况

事故现场位于松原市乾安县王某某家中。王某某家院内事发前有9个危险化学品储罐，事发时其中1个储罐发生了爆炸，3个储罐发生了燃烧。

早些年此地为一个加油站，当时具有工商营业执照。加油站迁址后，原加油站内的4个储油罐未被拆除。为防止罐体下沉，王某某将地埋油罐吊运至院内地面。后来，王某某在自家院内建设库房，经调查，该库房只办理了规划许可，无产权证。王某某在库房内雇用工人焊制了5个储油罐（50吨/个），分别购买柴油、稳定轻烃2号在院内的9个油罐中储存、勾兑、销售。王某某家中的9个储油罐无安全设施设计，未经相关部门审批。

（2）事故发生经过

2017年5月，王某某发现家中东侧4个储油罐连接西侧库房内加油机地埋输油管渗油，为了能够在院内销售柴油，王某某计划将渗油的输油管废除，改成明管连接输油泵和加油机。于是王某某到松原市购买了三通、法兰、输油泵等设备准备对输油管线进行改造。

5月16日，王某某雇用温某某（电焊工）对自家院内油罐管线进行改线维修，温某某称工作量大，自己难以独立完成，需要再雇一名工人配合。经王某某同意后，温某某雇用吕某某为其打下手。

5月18日18时许，温某某在库房外侧储油罐区连接洞口处为输油管线安装抽油泵的过程中，违规在储油罐区内进行电焊作业，先将院内4个储油罐上方原有的连接管线断开，用电焊机在三通处点了几下，以固定管线和法兰的位置。在固定完法兰后，温某某到罐区外取扳手，取完扳手回到罐区动火作业处，发现刚点的几个焊点没有固定住法兰，于是站在凳子上重新施焊，刚点了2下电焊，1号柴油罐就发生了爆炸，爆炸产生的冲击波将他从凳子上掀翻在地。温某某倒地后看见大量烟雾和灰尘从墙洞喷出，随后看见院内 3 个油罐分别起火，吕某某从起火油罐处向外跑，身上的衣服被点燃。王某某跑过来用干粉灭火器帮助吕某某扑灭身上的明火，马上开车将吕某某送往医院，在途中遇见“120”救护车，将吕某某转交给“120”救护车后赶回事故现场进行灭火。

在王某某送吕某某的过程中，温某某把火灾现场的 4 辆汽车及时开到安全地点。此时院内 4 个储油罐有 3 个先后起火并剧烈燃烧，火势向库房内蔓延，将库房内两台加油机、电焊机、皮卡车及库房房顶不同程度毁坏，在油罐区东侧与油罐仅一墙之隔的民房被引燃烧毁。大火于 22 时 30 分被及时赶来的消防队扑灭。

事故造成吕某某被大面积烧伤。5 月 19 日早上 7 时 30 分，吕某某因呼吸道水肿吸入性窒息，经抢救无效死亡。

（3）事故原因分析

1）直接原因

焊工温某某在给王某某家院内的储存危险化学品的储罐安装输油泵管道时，违章进行电焊作业，由于管道内存有可燃介质，焊接过程中没有采取相应的安全措施，致使储罐发生爆燃，造成 1 人死亡。

2）间接原因

①焊工温某某和雇主王某某在为储罐安装输油泵管道动火作业前，没有遵守相关规定要求，违章动火作业。

②焊工温某某和雇主王某某在为储罐安装输油泵管道动火作业前，没有对作业现场和作业过程中可能存在的危险、有害因素进行辨识，没有制定作业方案，没有制定相应的安全措施，在没有对设备、管线进行隔绝、清洗、置换的条件下，直接在储罐输油管道动火，致使储罐发生爆燃。

③雇主王某某在为储罐安装输油泵管道动火作业前，没有按照相

关规定设置专人监护，没有清除动火现场及周围的易燃物品，或采取其他有效的安全防火措施后再进行动火作业。

（4）事故教训和相关知识

这起事故涉及违法建设、违法经营的情况。事故之后，调查组认为属地市场监督管理部门履行监督管理职责不力，开展成品油“打非治违”专项整治活动流于形式，未能严格按照工作职责逐一对辖区内重点区域进行排查，没能及时发现辖区内存在严重违法违规储存、经营行为。要求相关部门全面深入地加强人员密集场所易燃易爆物品生产、销售、运输、储存等各环节的安全管理与监督，依法关闭、取缔非法经营作坊，强化消防安全“网格化”管理，从源头上搞好各类生产安全事故防范工作。

抛开违法建设、违法经营加油站问题，就预防焊接作业火灾事故的安全措施而言，进行电焊作业时应采取以下安全防火措施：一是进行电焊作业应严格执行用火审批制度。二是焊接操作必须由经过培训并持证上岗的电焊工进行，并严格遵守操作规程。三是电焊作业要尽量选择在安全地点进行，要清除周围的可燃易燃物品。如不能清除时，则必须与其保持一定的安全距离，也可用浇水的办法或盖上石棉板、石棉布、湿麻袋等方法，以隔绝火星。对可燃建筑构件可用不燃材料隔开或保持适当距离。四是在高处电焊时，要把下方的可燃物清理干净，必要时用薄铁板、石棉板等非燃材料作为接火盘，并在盘中铺上一层湿沙子。在刮风天气电焊时要设置风挡，防止火星飞溅引起火灾。当焊接输送、储存易燃物品的管道和设备时，应将与正在运转的设备相连通的管道拆除或堵死隔绝，以防易燃物品进入电焊作业处。

此外，焊接工具必须完整好用，电焊机和电源线的绝缘要可靠，导线要有足够的截面积，并安装符合要求的熔丝。电焊线残破时应及时更换或处理，电焊地线不能使用与易燃易爆生产设备有联系的金属构件，如管道、容器等。

47. 井下输油管实施焊接未对管内油气进行置换发生爆燃

2015 年 6 月 15 日 7 时 40 分，河北省平乡县某加油站（本案例简称加油站）在维修输油管道过程中动火作业时发生爆燃，造成 1 人重伤、1 人轻伤。6 月 30 日重伤者经抢救无效死亡，直接经济损失 85 万元。

（1）事故相关情况

加油站位于平乡县北环路与昌平街交叉路口东南角，负责人为杜某。

（2）事故发生经过

2015 年 6 月初，平乡县加油站在实验调整加油机时，发现加油机（汽油）抽不出油。于是公司员工李某联系谢某某（此次维修作业联系人），对该站部分输油管道进行维修作业。

2015 年 6 月 14 日 8 时左右，谢某某安排两人进入该加油站对该站输油管道进行维修作业，当天在该站负责人提示下完成了 1 号“人孔井”底阀更换维修。6 月 15 日 7 时 40 分左右，工人曲某某在对 2 号“人孔井”管道进行检查时，发现“人孔井”中底阀出现问题，需更换底阀。在更换底阀时，发现底阀取不出来，还需要更换部分输油管，并且需要对井下输油管实施焊接。在进行焊接作业过程中，曲某某因未采取有效安全措施，引发残存油气爆燃，造成爆燃事故。

（3）事故原因分析

1）直接原因

加油站作业人员在对井下输油管实施焊接时，在未对输油管内油气进行置换、未对井中气体置换及检测的情况下作业，引发油管内残留油气爆燃。

2）间接原因

①加油站安全生产主体责任不落实，安全管理制度不落实，在油罐区内未按规定制定动火作业方案，未办审批手续。

②加油站负责人杜某对安全生产工作履职不到位，管理不严格，措施不力，不按要求审批动火作业计划，现场监护人制度不落实。

③谢某某对作业人员资格审查把关不严，用无资质、无特种作业操作证书的人员上岗作业。

（4）事故教训和相关知识

在这起事故中，在加油站对井下输油管实施焊接时，在未对输油管内油气进行置换、未对井中气体置换及检测的情况下作业，引发油管内残留油气爆燃。从事故经过来看，不论是加油站人员还是实施焊接作业的人员，都缺乏相关知识，都对输油管实施焊接的危险性认识不足。举一个简单的例子，加油站内严禁吸烟，目的是预防火灾爆炸事故。抽烟时的火源尚且如此危险，那么能够熔化钢铁的焊接作业，自然会比吸烟更加危险。

焊割是焊接与切割的合称，是由焊工操作的一种连接金属件或切开金属件的生产工艺，有气焊、气割、电焊等各种不同的方法。由于焊接与切割均属于明火作业，又经常与可燃、易燃物质以及压力容器打交道，存在着较大的火灾爆炸危险性。那么，究竟是哪些原因使焊接、切割作业常常发生火灾与爆炸事故呢？一是在焊接、切割作业中，炽热的金属火星到处飞溅从而引起可燃物质的燃烧与爆炸。二是焊接、切割时的热传导，可使焊、割件另一端的可燃物着火。三是焊、割金属容器时，由于残存的易燃易爆气体和液体未被彻底清除，会导致爆炸事故的发生。四是对临时进行焊、割作业的现场，没有进行认真检查或没有彻底消除可燃物质可导致火灾事故发生。五是在易燃、可燃液体、气体存在的场所，进行电焊时火星常常引起可燃气体燃烧爆炸。六是气焊、气割所使用的氧气、乙炔气，因漏气遇到焊、割明火也常常引起爆炸事故。因此，需要在易燃易爆场所和禁火区域内进行焊接、切割作业时，应把焊、割件拆到安全地点进行焊、割作业，对确实无法拆卸的，要把焊、割部位或设备与其他易燃可燃物质进行严密的隔离。对可燃气体容器、管道进行焊、割时，应将惰性气体、蒸汽或水注入容器内，把残存的可燃气体置换出来，对储存过易燃液体的设备和管道，应用热水、蒸汽或酸液、碱液把残存的易燃液体清洗干净，对无法溶解的污染物，应先铲除、后清洗。总之，在安全可靠的情况下，才能够进行焊接、切割作业。

48. 在半封闭空间切割作业导致泄漏液化气聚积爆炸

2016 年 1 月 1 日 11 时 28 分，唐山市开平区某商贸有限公司（本案例简称商贸公司）外包施工人员在进行生活用水柜切割作业时发生一起爆炸事故，造成 2 人死亡，5 人受伤，直接经济损失约 120 万元。

（1）事故相关情况

商贸公司主要经营润滑油、日用品、文具用品、通信设备、石材、建材、陶瓷制品等。

2015 年 12 月 31 日，商贸公司法定代表人赵某某与李某某、张某达成口头协议，约定商贸公司将切割、焊接生活用水柜工程承包给李某某、张某二人。工程中所需的切割设备及所需材料由李某某、张某提供（即包工包料）。

（2）事故发生经过

2016 年 1 月 1 日 9 时 30 分，李某某、张某依协议约定到达商贸公司院内东北角生活用水柜放置处，使用氧气和液化石油气进行水柜切割作业。11 时 28 分，李某某、张某在切割生活用水柜作业时发生爆炸。事故造成李某某、张某 2 人死亡，作业区域附近及周边 5 人受伤。事故作业区域附近及周边区域建筑物严重受损。

事故发生后，现场人员全力抢救受伤人员并及时拨打“110”和“120”电话求救。11 时 45 分，5 名受伤人员被救出，分别被送往医院进行救治。

（3）事故原因分析

1）直接原因

李某某、张某在半封闭有限空间内进行长时间的切割作业，导致泄漏的液化石油气聚积并引发爆炸。

2）间接原因

①商贸公司将本单位切割、焊接作业工程承包给没有施工资质人员施工，未对工程承包人是否具有焊接与切割特种作业操作资格进行审核，作业过程中未安排专人进行安全监护。

②李某某、张某在没有工程承包资质和不具备特种作业操作资格的情况下，擅自承包切割、焊接生活用水柜工程，无证上岗、违章作业。

（4）事故教训和相关知识

经调查，事发公司在切割、焊接生活用水柜工程开工前，未对工程承包人提供的工程作业设备进行检验，未对工程承包人是否具有焊接与切割特种作业操作资格进行审核。

根据对事故现场及周边区域爆炸后搜索到的物证和人证材料、视频影像材料、事故遇难者遗骸及受伤人员伤情鉴定材料、专家现场勘验材料等综合分析，排除了其他类型爆炸的可能性，确认此次爆炸是由于液化石油气泄漏引发的爆炸。

据分析，生活用水柜需要烧煮热水，使用的燃料是液化石油气。水柜的燃气管道内残存的液化石油气，在半封闭有限空间内进行聚积遇明火引发爆炸。这起事故给相关作业人员一个警示，在封闭或者半封闭有限空间进行焊割作业，务必要通风，不要马虎大意，千万注意安全。

49. 不听劝告违章进行电焊作业点燃毛皮引发火灾

2018 年 1 月 10 日 17 时左右，蠡县鲍墟镇某毛皮有限公司（本案例简称毛皮公司）筒房车间，在焊接转笼过程中发生一起火灾事故，造成 1 人死亡，直接经济损失约 127 万元。

（1）事故相关情况

毛皮公司主要经营毛皮服装、纺织服装；毛皮鞣制加工、销售等。

（2）事故发生经过

2018 年 1 月 10 日 17 时左右，毛皮公司筒房车间当班工人张某某、韩某、张某等 30 名工人正在进行毛皮后整生产作业。张某某发现车间西南角转笼出现故障，需要用电焊机焊接，就去找电工兼电焊工刘某某进行焊接。张某某和刘某某把电焊机拉到转笼车间，刘某某把电源接好后，回到发电机房看护发电机（当时企业自发电），这时候转笼车间负责人易某某看见了，提醒张某某不要使用电焊机，让刘某某回来再焊。由于刘某某没空儿，张某某就对转笼进行焊接，焊接过程中火花引起毛皮起火。

火灾发生后，张某某、韩某等人赶紧灭火并组织人员疏散，同时现场人员拨打了“119”报警电话，向公司负责人电话进行了汇报。接到电话后公司负责人赶紧开车往公司赶，17 时 30 分左右消防队到场开始救火，1 小时后火势得到控制。

（3）事故原因分析

1）直接原因

工人张某某对生产过程中的危险因素认识不足。在没有特种作业操作证书的情况下，不听劝告，忽视安全，违章使用电焊机作业将毛皮点燃，从而引发筒房车间起火，并导致人员伤亡。

2）间接原因

①毛皮公司的安全生产制度不健全，现场无安全操作规程。

②毛皮公司安全教育培训不到位，未建立教育培训档案，聘用未取得相应资质的人员上岗。

③筒房车间负责人易某某安全意识淡薄，没有尽到管理责任。

（4）事故教训和相关知识

这是一起非常典型的因企业安全生产管理不到位，工人违章操作引发的生产安全责任事故。事故之后，导致事故发生的张某某对事故的发生负有直接责任，被公安机关刑事拘留，毛皮公司依照内部规定解除与其签订的劳动合同。

毛皮厂、纺织厂、化纤厂、化工厂等，由于生产性质的原因，最容易引发火灾爆炸事故。

人们常说水火无情。在存放有大量易燃物品的车间、厂房动火作业，需要特别谨慎，不能有丝毫的马虎。对事故企业来讲也要吸取教训，要制定有针对性的整改方案，彻底消除安全隐患。要加强对安全管理人员、特种作业人员的安全知识培训，提高生产安全意识，取得相应的资格证书后方可上岗，以杜绝类似事故的再次发生。

50. 气焊作业未使用防回火装置出现回火导致爆炸

2017 年 3 月 3 日 17 时，承德县某矿业有限公司（本案例简称矿业公司）吉庆铁矿腾达采区二号竖井井口进行井盖维修作业时发生一起容器爆炸事故，造成 2 人死亡，1 人重伤，直接经济损失约 500 万元。

（1）事故相关情况

矿业公司成立于 2011 年 10 月 27 日。矿业公司下辖吉庆铁矿，事故发生在吉庆铁矿腾达采区。事发时吉庆铁矿腾达采区因未取得安全生产许可手续，处于停产状态。

（2）事故发生经过

2017 年 3 月 3 日，矿业公司吉庆铁矿腾达采区实际控制人魏某某，通知刘某甲组织人员对二号竖井井盖进行维修，刘某甲电话联系了吴某某，要求组织人员来进行此项作业，吴某某安排无特种作业操作证的焊工徐某某到腾达采区进行焊接作业，又安排刘某乙、熊某某为其助手。徐某某使用氧气和液化石油气对井盖进行切割、焊接维修作业。当日 17 时，切割作业使用的液化石油气钢瓶突然发生爆炸，致使正在现场进行作业的刘某乙和熊某某受伤，徐某某失踪。

爆炸发生后，在附近的赵某某立即跑到事故现场并电话通知了魏某某，魏某某又通知了刘某甲等人，众人到现场后立即对受伤人员进行救护，使用皮卡车把受伤人员刘某乙、熊某某紧急送往医院进行救治，刘某乙经救治无效死亡，熊某某被转入重症病房进行治疗，同时对徐某某展开搜救。3 月 4 日 4 时发现徐某某坠落至二号竖井井底，公司立即组织救援力量将徐某某从井下打捞升井并送往医院，经医院确认徐某某已死亡。

（3）事故原因分析

1）直接原因

①焊工徐某某无证上岗作业，不掌握气焊作业基本安全知识，违章作业。

②液化石油气钢瓶在进行气焊作业过程中，未使用专用割炬和设置防回火装置，使用时出现回火，引发瓶体爆炸。

2）间接原因

①企业安全管理人员未审核焊接人员是否持有特种作业操作证书，安排不具备资质人员进行气焊作业。

②企业作业人员未制定维修安全作业方案，在井口焊接作业时未采取任何安全防范措施，未指定现场作业指挥人员。

③企业安全管理部门未对维修作业过程进行监督管理，未对作业过程中设备安全性进行确认。

④企业安全管理部门对作业场所存在的危险因素未进行系统的辨识，未在井口区域设置防护栏和警示标识，安全防护措施不到位。

⑤企业负责人和基层班长对作业安全知识不掌握，作业前未对作业现场进行风险辨识，也未对作业人员进行安全培训，安全意识淡薄。

（4）事故教训和相关知识

在这起事故中，在进行气焊作业过程中未使用专用割炬和设置防回火装置，使用时出现回火，进而导致爆炸。

在气焊或气割过程中，有时会发生气体火焰进入喷嘴内逆向燃烧的现象，称为回火。回火时，一旦逆向燃烧的火焰进入气瓶内，就会发生燃烧爆炸事故。防回火装置的作用是当焊炬或割炬发生回火时，可防止火焰倒流入气瓶内，或阻止火焰在供气管道内燃烧，从而保障气瓶等的安全。所以使用气焊或气割时必须安装防回火装置。

这起事故被认定为是一起因企业安全生产管理不到位、操作人员违章作业造成的生产安全责任事故。事故企业要加强安全生产警示教育，提高员工认识水平，严格落实各项安全生产规章制度；加强对企业全体从业人员的培训，使从业人员熟练掌握各项操作规程及技术规范。企业要规范作业现场，加强现场作业管理，同时规范职工的操作行为，坚决杜绝违章现象。企业要加强技术管理，根据企业的实际情况进一步修改完善安全生产制度，对风险进行分类分级管控，防止危险有害因素辨识不清、过程失控等造成事故。

51. 进行切割作业未注意观察坠落的机架砸中他人

2014 年 3 月 21 日 8 时 45 分左右，泰州市高港区某废品收购站（本案例简称废品收购站）人员在泰州某港务集团有限公司（本案例简称港务集团）杨湾港区小码头进行切割作业时，发生一起物体打击事故，造成 1 人死亡，直接经济损失约 80 万元。

（1）事故相关情况

港务集团主要经营水路运输，普通货物装卸，港口装卸机械修理、制造、销售等。港务集团下设三个港区，分别是高港港区、口岸港区和杨湾港区。

2014 年 3 月 17 日，杨湾港区小码头有一台带式输送机已报废，需要处理。杨湾港区负责人焦某某随即通知废品收购站顾某某于 3 月 21 日上午到港区小码头收购，同时安排李某某到小码头与顾某某对接具体收购事宜并对现场作业进行安全管理。

报废的带式输送机由机架（长 20.4 米）、滚筒、托辊、输送带和控制系统组成，用于输送煤炭和铁矿等粉、块儿状货物。事发时，该带式输送机停在小码头西南角空地，机架与地面约呈 30 度角横跨小码头，上端伸向江面。

（2）事故发生经过

2014 年 3 月 21 日 8 时 10 分左右，废品收购站顾某某和吕某某驾驶三轮电瓶车，载着用于切割作业的民用液化石油气钢瓶和氧气钢瓶到达小码头，李某某随后也来到小码头。因公司需将带式输送机上的托辊回收利用，李某某和顾某某商定，先拦腰切断带式输送机的机架，将机架置于地面后，再拆卸托辊。李某某与顾某某对接后，就到北边查看公司机修工维修小码头上另一台带式输送机的情况。

8 时 30 分左右，顾某某爬上带式输送机机架，先用刀具将输送带割断，然后在机架中间部位切割机架，吕某某在地面配合顾某某作业。8 时 45 分左右，当顾某某将机架上面的 2 根主梁割断后，机架上端在自身重力作用下从切割处折弯下坠，砸中从小码头上岸、正从机架下方走过的杨某某，并将其压在下面。

事故发生后，顾某某立即拨打“120”急救电话，并随后与吕某某及杨湾港区现场机修工配合，用撬棍将机架撬起后将杨某某拉出。杨某某被“120”急救车送往医院救治，经抢救无效死亡。

（3）事故原因分析

1）直接原因

顾某某在进行切割作业时未注意观察周围情况，当带式输送机机架上面的 2 根主梁被割断后，机架上端在自身重力作用下，从割断处折弯下坠，造成杨某某从机架下方路过时被下坠的机架砸中。

2）间接原因

①顾某某在进行切割作业前，既未设置警示标识提醒闲杂人员不得进入作业现场，也未安排他人进行现场安全监护。

②港务集团既未在小码头切割作业现场采取安全防护措施，也未告知顾某某有船员从小码头上岸的情况，未督促其采取安全防护措施。

（4）事故教训和相关知识

在进行焊接作业与切割作业时，在本质上没有什么区别，但是在心态上却有很大的区别。进行焊接，需要将两个金属物体连接起来，要求焊接质量较高，有的焊接完成后还需要进行无损探伤检测、压力测试，焊接质量不高就难以通过检测和测试。切割则相反，要将一个金属物体切割分开，如果没有其他精度要求，那么只要切割分离就算完成任务。所以，进行焊接作业时，通常具有认真细致的心态，进行切割作业时，通常就缺乏这种心态。

不论是焊接作业还是切割作业，都需要遵守安全操作规程，都需要注意自身安全和周边安全。焊工作业时应按规定正确穿戴工作鞋、防护手套等劳动防护用品；从事电焊工作时，必须使用镶有滤光镜片的面罩；从事气焊、气割作业时，必须佩戴有色眼镜，防止火花灼伤眼睛；作业场所要加强通风排尘，防止有害气体和粉尘聚积；要设置安全区域，防止无关人员进入作业场地导致伤害事故，也防止造成火灾爆炸事故，对此不能大意。这起事故的发生，就在于切割人员的麻痹大意，没有设置安全区域，无关人员不知情况进入，结果导致伤亡。

班组应对措施和讨论

由于焊接与切割均属于动火作业，具有较高的危险性，又经常与可燃、易燃物质以及压力容器打交道，容易引发火灾爆炸事故。近些年因焊接作业发生的特别重大事故，有唐山某百货大楼火灾死亡 81 人、烧伤 51 人，河南洛阳某商厦火灾死亡 309 人等。这些火灾爆炸事故，都是由于电焊工盲目操作、不注意安全引起的。

1. 有关焊割作业的典型事故案例

在机械、冶金、化工、建筑施工以及其他行业企业，焊接、切割作业是比较普遍的作业，虽然焊接、切割使用的设备有一定的危险性，但火灾爆炸事故的发生，主要原因都不在于这些设备的本身，绝大多数是由于在焊接、切割作业中思想麻痹、操作不当、制度不严、安全措施落实不力引起的。

(1) 焊接作业粗心大意煤仓突然爆炸

姜某某是矿业公司洗选厂一名电焊工，从事电焊工作已有9年。那年9月11日姜某某和3位工友在精煤仓上施焊，由于粗心大意，未能将精煤仓入口处封闭严实，使电焊火星掉进了精煤仓，瞬间只听见“轰”的一声巨响，砖头、水泥块儿四处飞溅，煤仓被炸开一个大窟窿，煤仓顶部悬在空中，姜某某和3位工友在10米高的仓顶上，吓得拔腿就跑。脱离险地再回头一看，好险！幸好仓顶没有掉下，否则他们4人就没命了。事后经专家鉴定，此次爆炸的原因：一是由于煤仓通风不良，造成了瓦斯聚积。二是由于施焊时火星掉进煤仓，引发了煤仓中的瓦斯爆炸。

(2) 胆大差点儿要了他的命

孙某某是个天生的性情急躁、胆子特大的人，虽然他的焊工技术是一流的，但他的安全意识却是最差的。工作中需要戴安全帽、系安全带时，他总嫌麻烦，因而常因违章作业受到批评和处罚。但各种处罚都没有改变他的坏毛病，直到因一次违章差点儿要了他的命，才彻底改变了他违章蛮干的行为。

那天一上班，工厂有一处管道焊口开裂，分厂厂长安排孙某某和另一名焊工去补焊一下。这是一件小活儿，身为班长的孙某某为了省事，让同事去拉电源线接通电源，自己去推电焊机。按照规定必须是电工才能连接电源线，可他又把安全规章忘在一边了。

当孙某某把电焊机推到现场时，只见电源线的一头放在地上，另一头通往厂房内，他毫不犹豫地拉起电源线就往电焊机前拖。由于摇晃，他手中两个裸露的电源线接头不小心搭接在一起，只听“嘭嘭”两声，电线冒出了火花，吓得他赶紧扔掉了电源线。这时去接电源线的那名焊工惊慌失措地跑出厂房，吓得连话都说不出来了。孙某某连忙跑进厂房一看，腿也被吓软了，只见电源开关已经合上了，闸盒被烧得一片漆黑，熔丝也被烧断了。原来刚才他手里抓着的是380伏特电压的电线，并且已经接通了电源。面对此情景，孙某某顿时跌坐在地上，很长时间说不出话来。接电源线的焊工说："假如咱们把电工叫来，也就没有今天这个危险了。"只听缓过神儿来的孙某某连声说："幸亏我刚才没有抓电源线接头，要不我这条命就没了。都怪我胆子太大了，在安全操作上还是胆子小点儿好啊。"

2. 焊接、切割作业防火防爆措施

焊接、切割作业要特别注意预防火灾和爆炸事故，作业前要注意消除不安全因素，采取可靠的安全预防措施。

(1) 作业现场要加强安全检查。焊工进入工作现场后，首先必须确认操作现场焊接点周围10米以内和作业点下方不得存有易燃易爆物和杂物。必须将焊接点周围10米以内的易燃易爆物排除或采取可靠的隔离措施后，方可进行操作。

(2) 焊接、切割现场必须配备足够数量的灭火器材。

(3) 焊接、切割操作使用的电器设备不得有漏电现象，气瓶及气焊设备不得有漏气现象。若发现有漏电、漏气、产生火花、闻到烧焦的味道等非正常现象，应立即停止操作，关掉电源、气源，进行检查，排除隐患。

(4) 应正确使用工器具。电焊机电源线、闸盒要绝缘可靠，焊机外壳要有可靠的保护接地（零)，一次电缆、二次电缆要有足够的截面积，严禁电缆超过安全电流负荷量。闸盒要安装符合标准要求的保险装置，严禁用铜丝或铁丝代替熔丝。

(5) 使用气瓶时，要严格遵守相关规定。严禁抛掷或剧烈滚动气瓶。气瓶不得被安放在可能产生火星的电源线下方或热力管道上方，不得被安放在电焊操作的工作平台上，以防气瓶带电。氧气瓶与乙炔气瓶间隔距离不得小于5米，距离明火不得小于10米，且不得在烈日下暴晒。冬天使用气瓶时发生冻结现象，严禁使用明火烘烤或用金属物敲击瓶阀。使用乙炔瓶时必须直立放置，不准横躺卧放，以防丙酮流出引起燃烧爆炸。氧气瓶和乙炔瓶不得同车运输，一起存放。

(6) 禁止对未经清洗、置换处理的化工容器进行焊接。

(7) 在禁火区操作，要实行严格的三级审批制，办理动火手续，并制定严格的动火制度和工艺规范。周围要划定界限，并有“动火区”字样的明显标识。

(8) 在容器管道及狭小舱室操作时，要进行空气分析，检查易燃易爆气体和氧的含量，合格后才可开始动火工作；要进行自然通风，必要时还应采取机械通风，防止可燃气体与空气形成爆炸性混合气。密闭容器不得焊割。

(9) 在高处作业时，为防止火星落下或飞散引起燃烧爆炸事故，可用薄钢板、石棉板等非可燃材料做挡火板，防止火星飞溅。

(10) 工作结束后，要切记拉闸断电，并认真检查，防止隐藏火种酿成火灾。确定无隐患后方可离开。

3. 班组讨论

(1) 你经历过焊接、切割引发的事故吗？你是否听别人说起过焊接、切割引发的事故？

(2) 你认为焊接、切割危险吗？你认为在什么情况下进行焊接、切割最容易发生事故？

(3) 如果你是焊工，你认为预防焊接、切割作业火灾爆炸事故需要采取什么措施？你在作业前会做到吗？

(4) 如果你不是焊工，当你配合焊工作业时，你会怎么做？你会提醒焊工注意安全吗？你会落实预防措施吗？

（5）在班组生产作业中，你会运用相关知识主动预防火灾爆炸事故吗？你会向班组成员宣讲相关知识吗？

四、起重作业现场事故

在现代化工业生产中，离不开起重机械，而且起重机械使用率越来越高。起重机械既可以减轻作业人员的劳动强度，又可以提高劳动生产率。但是起重机械的频繁使用，也带来了起重作业伤害事故的增加，常见的事故有：脱钩、钢丝绳折断、安全防护装置缺乏或失灵、吊物坠落、起重机倾翻、碰撞致伤等。因此，对起重吊装作业中的风险进行分析，制定防范措施，强化安全意识，加强安全管理，是保护作业人员安全、降低起重伤害的有效手段。

52. 夹钳数量不足钢板起吊后滑脱造成伤害

2013 年 5 月 13 日 13 时 50 分左右，某公司（本案例简称公司甲）一体化基地内，某建设有限公司（本案例简称建设公司）在钢板吊运作业时，发生一起起重伤害事故，造成 1 人死亡。

（1）事故相关情况

建设公司经营范围为施工总承包、专业承包等，具有石油化工工程施工总承包壹级、机电安装工程施工总承包壹级、钢结构工程专业承包壹级、机电设备安装工程专业承包壹级等资质。

事发前，公司甲与建设公司签订框架协议，约定公司甲将位于化学工业区的一体化基地的部分一般维护项目交由建设公司实施。

（2）事故发生经过

2013 年 5 月 13 日 12 时 30 分左右，建设公司管道工程师、项目主管冷某某安排公司员工汪某某、袁某某、周某某以及一台汽车起重机、一辆平板卡车实施钢板移位作业，计划将 4 块钢板从 D500 仓库移至 A600 区域，并指定汪某某为起重指挥，袁某某、周某某进行辅助作业。

13 时许，作业人员将 4 块钢板分别吊至平板卡车，13 时 30 分左右，钢板被运至 A600 区域。汽车起重机就位后，作业人员拉设警戒绳，并在冷某某监护下开始作业。汪某某、袁某某、周某某 3 人将两个钢板夹钳夹于单块钢板长边两侧近对角线位置，并将钢板吊至地面指定位置。吊运第二块钢板时，冷某某离开现场至其他区域巡查，其余人员继续作业。13 时 50 分，开始吊运第三块钢板。钢板夹钳夹好后，汪某某指挥起吊，钢板被吊离平板卡车，并在空中调整位置，汪某某、袁某某分别站在钢板东北侧及西南侧用手接触钢板进行辅助作业。13 时 52 分，钢板突然从钢板夹钳滑落，袁某某胸部以下部位被压在钢板下。

事故发生后，现场作业人员立即用汽车起重机移开钢板将袁某某救出，送往医院进行救治。5 月 13 日 19 时 35 分，袁某某经抢救无效死亡。

（3）事故原因分析

1）直接原因

作业人员未遵守钢板夹钳产品说明中“对中、小型钢板或构件均采用 3 点或 4 点吊法”的规定，用 2 个钢板夹钳进行钢板起吊，且夹持位置不当，导致钢板被吊起后倾斜，并最终从夹钳中滑脱。另外，作业人员在起吊过程中未与被吊钢板保持安全距离，被滑脱的钢板压住。

2）间接原因

①作业人员违反建设公司起重作业管理制度，未在被吊物上设置溜绳，而以用手接触钢板的方式调整钢板位置。

②现场负责人未切实履行安全管理职责，未能发现、制止起重作业过程中存在的违章违规现象，并且违反施工方案及公司相关规定，在实施起重作业时离开作业现场。

③施工单位对作业人员安全教育和现场安全管理不到位，未能教育和督促作业人员严格遵守安全生产规章制度和操作规程。

（4）事故教训和相关知识

在这起事故中，第一块、第二块钢板顺利吊运完成，到了第三块钢板吊运时发生事故，钢板突然脱离钢板夹钳，将旁边扶着钢板的作业人员压在钢板下面。按照钢板夹钳产品说明的要求，对中、小型钢板或构件均采用 3 点或 4 点吊法。为什么要采用 3 点或 4 点吊法呢？因为多 1 个吊点就会多了一份安全。

钢板夹钳是一种用于钢板类物品的起吊工具，在夹钳使用中，要注意以下事项：一是选用与用途相符的夹钳；二是在容许荷载范围内使用，不得超载；三是在容许板厚范围内使用；四是人员不得进入吊装作业范围或翻转区域；五是不得敲打或冲击吊物和夹钳；六是不得使吊物急剧移动或急剧停止；七是避免出现吊物偏重，为了安全最好使用 2 个以上夹钳；八是使用前先要检查夹钳磨损状态及有无异常现象，合格后再使用。

 53. 起重作业未注意观察现场环境导致伤害

2015 年 10 月 12 日 10 时 6 分左右，河北某集团矿业有限公司（本案例简称矿业公司）石人沟铁矿在材料库进行吊装作业时发生一起起重伤害事故，造成 1 人死亡，直接经济损失 60 万元。

（1）事故相关情况

矿业公司石人沟铁矿位于遵化市。该铁矿集采矿、选矿于一体，设有独立的安全生产管理机构，有职工 1 190 人，专职安全管理人员 6 人。

（2）事故发生经过

2015 年 10 月 12 日，石人沟铁矿选矿作业区作业长康某某安排检修班为作业区停车检修作准备工作。9 时 30 分左右，检修班班长闫某某通过作业区调度从动力作业区维修班联系到一台 QY25K-I 型汽车起重机和一台运输车，随后带领本班组起重作业人员王某某与动力作业区车辆维修班起重机司机杨某某和运输车司机孙某某驾车到达材料库进行取运钢管作业。

9 时 40 分左右，杨某某完成了支车工作，吊装作业开始，闫某某负责现场监护，杨某某负责操作汽车起重机，王某某负责挂钩。10 时 6 分，作业人员开始吊装第 4 根钢管（长约 5 米，约 400 千克）。王某某挂好钩后，边发出起吊手势边走至北侧的震动放矿机配件垛通道内躲避，杨某某随即起吊。被吊钢管在提升约 1 米的高度后，刮碰到邻近高约 1.5 米的配件垛，致使配件垛顶部 3 块配件向西侧通道内滑落，挤压到在通道里躲避的王某某的胸部和颈部，致使王某某受伤。

事故发生后，闫某某立即组织在场人员将王某某救出，并对其采取了心肺复苏、人工呼吸的抢救措施。同时在场人员拨打了矿职工医

院和“120”急救电话，并将情况逐级上报。10 时 15 分左右，矿职工医院救护车到达现场，将王某某送往医院救治，10 时 25 分左右，王某某经抢救无效死亡。

（3）事故原因分析

1）直接原因

杨某某在操作起重机进行作业时，未使吊装物与周围障碍物之间留有足够的间隙，未注意观察现场作业环境，未对吊装物检查确认稳妥后便进行起吊。王某某安全意识严重不足，完成挂钩作业发出起吊手势后背对作业现场到震动放矿机配件垛通道内躲避，躲避区域存在危险，震动放矿机配件垛被吊装的钢管刮碰到后，滑落的配件直接导致其挤压受伤。

2）间接原因

①闫某某现场安全管理工作不到位，未履行现场监护职责，对现场作业人员违章行为未及时发现和有效制止；杨某某、闫某某违反铁矿班组安全生产联保互保制度，未对王某某的不安全行为进行提醒纠正，未尽到互相提醒、互相照顾、互相监督、互相保证的义务。

②铁矿安全教育培训工作不到位，有关作业人员安全意识淡薄，遵章守纪意识差，习惯性违章问题严重。

③铁矿安全管理工作不到位，安全管理人员未认真履行安全管理责任，安全责任意识差，对现场作业人员违章行为没有及时发现和有效制止，对违章问题的查处检查不够。

（4）事故教训和相关知识

在这起事故中，起重机司机连续顺利起吊了 3 根钢管，都平安无事，从心理上感觉舒适，同时也有加快作业速度、尽快完成任务的心理要求。心理上有这种要求，行动上就会体现出来，即不注意观察现场作业环境，起吊速度明显加快，没有注意躲避区域存在危险，结果所吊装的钢管刮碰到配件垛，导致滑落的配件将他人挤压受伤。

这起事故被认定为是一起因违反安全操作规程和管理规定，安全教育培训和安全管理不到位而引发的生产安全责任事故。事故企业要深刻吸取事故教训，立即在全矿开展一次彻底的安全生产大检查，认真梳理各工作岗位、各作业环节、各作业场所可能存在的安全隐患，做到全覆盖、无死角。要进一步强化安全管理，严格落实各类人员的安全生产责任和各项安全管理制度，及时查处各类违章行为，形成打击违章指挥、违章作业、违反劳动纪律的高压态势，解决习惯性违章等“三违”问题。要进一步加强宣传教育培训工作，切实提升从业人员的安全意识、安全知识和安全技能，养成自觉遵守规章制度的习惯。

54. 起重作业刮碰吊桶造成钢丝绳断裂导致人员伤亡

2013 年 5 月 13 日 4 时 40 分左右，吉林省某黄金股份有限公司（本案例简称黄金公司）西岔金矿 2 号竖井实施生产勘探施工作业时，发生一起较大起重伤害事故，造成井下作业人员 3 人死亡、2 人受伤，直接经济损失 550 万元。

（1）事故相关情况

黄金公司经营范围为金矿地下开采、选矿。该公司下辖金厂沟金矿和西岔金矿。

事发前，由黄金公司与山东某集团建设工程有限公司（本案例简称工程公司）签署建设工程施工合同、建筑安装施工安全生产管理协议，由工程公司承包西岔金矿 2 号竖井掘砌工程。事故发生时，已形成深度约 260 米、直径约 4.2 米的掘砌竖井。

（2）事故发生经过

2013 年 5 月 13 日 4 时 40 分，工程公司在 2 号竖井掘砌作业过程中，装载毛石的吊桶被提升至距井口 120 米处时，钢丝绳发生断裂，重载吊桶坠落穿过双层吊盘（安全防护棚）落至井底，将在竖井底部作业面搬运作业人员邓某某、王某某、李某某、张某某、刘某某 5 人砸伤。

项目部现场负责人明某接到报告后，立即组织人员下井实施救援，同时向发包单位分管安全的副总经理报告情况，发包单位立即组织人员赶到现场，共同开展事故救援工作。受伤人员张某某、刘某某、邓某某、李某某、王某某先后分三批从井下被救出后，紧急送往医院抢救。其中邓某某、李某某经医院抢救无效死亡；王某某在送往医院抢救的途中死亡。

（3）事故原因分析

1）直接原因

钢丝绳断裂部位是接近吊桶 4~5 米的位置，该区段钢丝绳提升作业中受保护伞钢管滑套磨损，致使安全系数下降，在刮碰吊桶外力增加的情况下发生断裂，导致事故发生。

2）间接原因

①提升绞车钢丝绳未按规定在使用前进行检测，在使用过程中未按规定进行日常检查和有效的保养及维护。

②承包单位劳动组织不合理、作业现场安全管理混乱，未按规定委派有资质的工程技术及相关管理人员对施工作业现场实施有效的监督管理，安全生产责任制未得到落实。

③承包单位未制定并实施安全生产隐患排查治理制度，未能及时发现并消除安全隐患。

④发包单位相关职能部门缺乏对外来施工企业的有效管理和监督检查。在对项目施工合同和安全管理协议签订、施工组织设计审查、施工企业管理人员进驻、施工人员资质等审查把关方面，存在严重违

规行为和明显的管理缺陷。

（4）事故教训和相关知识

在这起事故中，提升绞车钢丝绳未按规定在使用前进行检验，在使用过程中未按规定进行日常检查和有效的保养及维护，是导致钢丝绳断裂的重要因素。

在矿山作业中使用的钢丝绳，要经常进行检验，检验合格后方可使用。一是除用于倾角30度以下的斜井提升物料的钢丝绳外，其他提升钢丝绳和平衡钢丝绳，使用前均应进行检验。经过检验的钢丝绳，储存期应不超过6个月。二是提升钢丝绳的检验，应使用符合条件的设备和方法进行，检验周期应符合下列要求：①升降人员或升降人员和物料用的钢丝绳，自悬挂时起，每隔6个月检验一次；有腐蚀气体的矿山，每隔3个月检验一次。②升降物料用的钢丝绳，自悬挂时起，第一次检验的间隔时间为1年，以后每隔6个月检验一次。③悬挂吊盘用的钢丝绳，自悬挂时起，每隔1年检验一次。

55. 吊装料盘起吊高度不够碰撞到其他料盘物体发生打击事故

2009年8月14日，江苏某电力冶金机械总厂（本案例简称电力冶金机械总厂）前道车间一桥式起重机在进行送料作业过程中，发生一起由料盘坠落造成的物体打击事故，致1人死亡，直接经济损失约40万元。

（1）事故相关情况

电力冶金机械总厂有职工260人，其中工程技术人员48名，固定资产12 000万元，是专业生产铜管、空调器用波纹连接管、内螺纹铜管、毛细铜管、工艺配管、冷凝器管、自来水管及管组件等产品加工的企业。

（2）事故发生经过

2009 年 8 月 14 日，电力冶金机械总厂前道车间在生产过程中，一名作业人员指挥桥式起重机在进行送料作业过程中，桥式起重机操作工高某由于观察不周，所吊运的物料运行高度过低，碰撞到层叠堆放的其他料盘，造成被吊料盘滑落，滑落的料盘将作业人员砸倒。现场人员发现后紧急抢救，将伤者送往医院，伤者经医院抢救无效死亡。

（3）事故原因分析

1）直接原因

桥式起重机操作工高某安全意识淡薄，在吊具未能完全伸入料盘起吊插孔的情况下起吊，且未按照企业桥式起重机安全操作规程的要求进行试吊，致使吊装料盘起吊高度不够，碰撞到层叠堆放的其他料盘，造成被吊料盘滑落。

2）间接原因

①电力冶金机械总厂对职工安全教育不够，对车间工作现场安全检查不到位，对职工违章操作未能实施有效的监管。

②电力冶金机械总厂负责人未能及时组织修订本单位安全操作规程，未能认真督促、检查本单位的安全生产工作，及时消除生产安全事故隐患。

③电力冶金机械总厂设备部部长、专职安全员田某，未能及时发现事故隐患和人员违章行为并督促整改，未能对存在缺陷的安全操作规程进行修订，未能督促职工落实安全生产责任制。

（4）事故教训和相关知识

桥式起重机俗称为行车，是冶金、机械制造等企业广泛使用的起重设备，桥式起重机操作工素质的高低、技术水平的优劣，直接关系到吊运的安全。桥式起重机操作工的基本功是稳、准、快，除此之外，还需要掌握以下安全技能。

一是看，即用肉眼对设备进行表面观察，以期发现直观的缺陷或故障，如钢丝绳在滑轮、卷筒上的缠绕是否正常；钢丝绳、滑轮、车轮、制动器等的磨损状况如何；各传动机构有无脱落、开焊；各安全防护装置是否齐全等。这应是当班操作工上车时巡检中的首要工作。

二是听，操作工在驾驶室内操作，看不见桥体上面设备运行的状况，听觉就成为重要的辅助安全手段。电气或机械设备正常运行时一般只发出很轻柔的谐音，而带“病”运转时则会有相当大的噪声。有故障时，电动机多为沉闷的“嗡嗡”声；接触器故障的噪声则是一种难听的“嘎嘎”声；轴承缺油或损坏是刺耳的“吱吱”声；由各种原因造成的大、小车啃道的噪声是“隆隆”声。有经验的操作工凭声音的不同变化，就能判断故障的大概部位。

三是觉，即感觉或感受。操作工在作业时会感受来自各方面的信息，凭经验可知哪些是正常的，哪些是不正常的。大车正常运行时会感觉平稳，声音和谐，这与啃道、轮缘或轨道有缺陷时运行的感觉肯定不一样。当大车减速机地脚螺栓松动或制动机构发生故障时，能感觉在启动或制动时车身扭摆，严重时甚至不能准确定位停车。提升机构及与之相应的电气系统发生故障时能感觉上升乏力或下降溜钩。

四是预。即预见性。要做到有预见性，操作者必须对所使用设备的性能特点做到心中有数，对那些容易出现的问题，事先要想好对策，一旦发现苗头不对，立刻处理，不留后患。

另外，操作者对生产作业程序也应了然于胸，这样才能更好地配合工作，少出事故。

56. 起吊过程中吊挂不牢致使玻璃箱脱落倾倒

2014 年 11 月 24 日 8 时 35 分许，福建某玻璃有限公司（本案例简称玻璃公司）玻璃原片仓库，两名工人在集装箱车厢内卸载玻璃时发生事故，造成2人死亡。

（1）事故相关情况

玻璃公司主要经营玻璃制品的批发与零售，平板、浮法、压花玻璃的加工。公司下辖2个生产车间、1个仓库，有员工约200人。

（2）事故发生经过

事发当日8时，玻璃公司玻璃原片仓库，按照当天工作安排是卸一集装箱货柜内10箱玻璃（每箱约2.6吨），桥式起重机操作工洪某某，玻璃卸载工人邱某某、颜某某、陈某某共4人开始卸载玻璃作业。

洪某某负责操作起重机起吊，邱某某、颜某某负责在集装箱玻璃货柜内挂扣钢丝绳及加固未起吊玻璃箱，陈某某负责在仓库地面放置卸载玻璃箱。在顺利起吊7箱玻璃后，约8时35分许，当第8箱玻璃刚被提升起来还在货柜内时，突然玻璃箱发生脱落，当时邱某某、颜某某还在货柜内加固未被起吊玻璃箱，“嘭”的一声巨响，脱落的玻璃箱撞击货柜地面，致使玻璃货柜内一箱玻璃受震动而倾倒，倾倒的玻璃箱把邱某某、颜某某两名工人压埋。此时正在仓库门口巡查的公司储运部部长蔡某某听到玻璃倾倒声响后立刻赶到，立即拨打“110”“119”“120”电话报警求救并向公司总经理报告。

在现场工人及消防人员紧急救援下，约9时许，2名工人在玻璃碎片中被挖出。经“120”医务人员现场确认，2名工人均已死亡。

（3）事故原因分析

1）直接原因

玻璃箱在被起吊提升过程中吊挂不牢致使玻璃箱脱落，脱落的玻璃箱撞击货柜地面，致使玻璃货柜内另一箱玻璃受震动而倾倒，倾倒的玻璃箱把邱某某、颜某某压埋，导致事故发生。

2）间接原因

①玻璃公司主体责任不落实。公司安全生产管理制度未得到落实，安全培训教育不到位，公司主要负责人、玻璃仓库主要负责人、玻璃卸载作业人员等安全意识薄弱。

②玻璃公司安全生产管理机构不健全，公司未设专职安全生产管理人员，采用车间、仓库负责人兼任安全生产管理人员的方式，安全生产管理力量薄弱。

③玻璃箱卸载工艺落后，使用起重机下挂U形钢架索具（自制），索具两端各挂一条钢丝绳起吊玻璃箱卸载，其卸载工艺设计安全性能存在严重的安全缺陷。

（4）事故教训和相关知识

事故的发生的原因主要是吊挂不牢，主要体现在：①吊挂位置不符合安全要求。玻璃箱吊挂钢丝绳位置小块儿木板厚度仅为3厘米，存在安全厚度不足使玻璃箱容易脱落的安全隐患。②采用两端起吊的方法导致吊挂牢固性能差。根据现场勘查，该次事故起重作业采用两端起吊方法，U形钢架索具上两条钢丝绳分别吊挂玻璃箱两端箱头，导致钢丝绳对玻璃箱侧面力度较小，吊挂牢固性能差，存在玻璃箱容易脱落的安全隐患。

57. 施工人员违规进入吊装区域内作业被失稳桁架砸伤

2015年8月1日18时5分，上海某建设发展有限公司（本案例简称建设公司）在某港口有限公司（本案例简称港口公司）皮带机安装工程施工现场发生一起起重伤害事故，造成1人死亡，直接经济损失95万元。

（1）事故相关情况

建设公司主要经营房屋建筑工程、市政公用工程、建筑装饰装修工程、地基与基础工程、钢结构工程等。公司下设江苏、天津等分公司，有员工 1 126 名，其中专职安全管理人员 98 名。

港口公司煤码头工程于 2012 年 5 月开工建设，共建设 5 个装船泊位，配套设施包括 8 条堆场、2 台翻车机、4 台连续装船机、皮带机系统等。事发前，港口公司与上海某科技公司（本案例简称科技公司）签订协议，将皮带机设备的设计、制造、运输、安装整体发包给科技公司，属于交钥匙工程，并签订了安全管理协议。后来，科技公司与建设公司签订设备采购合同，由建设公司承担皮带机系统设备的接卸、仓储保管、安装、调试、现场补漆等工作。

（2）事故发生经过

2015 年 8 月 1 日 6 时 30 分，建设公司皮带机安装队项目班长时某某带领田某某、杨某某、王某某等 12 人开始安装皮带机通廊，13 时左右安装完毕。14 时左右，安装队开始组装桁架单片，至 17 时 25 分时共组装完成 6 个桁架单片。

18 时左右，时某某、杨某某、田某某、王某某指挥 2 台汽车起重机（额定起重质量 25 t，2 台起重机南北停放，车尾相对，间距约 11 米）准备将一桁架单片（25 米×4. 35 米，约 10 吨）从施工现场临时路东侧平移至西侧桁架底梁组合体上，以便第二天组装。桁架单片被起吊后（起吊高度约 1. 6 米），北侧起重机先向西转杆，南侧起重机配合北侧起重机转杆，桁架单片被逆时针旋转约 90 度。在 2 台起重机吊运下，桁架单片横穿临时路后顺时针旋转，当即将到位时，桁架单片西北端头卡入桁架底梁组合体西侧已组立好的斜支撑内。此时南侧起重机停止操作，北侧起重机向北转杆。当桁架单片端头脱离桁架底梁组合体斜支撑后失稳向东反弹，击中站在桁架底梁组合体内东北角的时某某头部，时某某当场倒地。

事故发生后，现场人员立即组织抢救并拨打了“120”急救电话，19 时 15 分左右，“120”急救车将时某某送至医院抢救，20 时左右，时某某经抢救无效死亡。

（3）事故原因分析

1）直接原因

在进行皮带机单片桁架吊装作业时，时某某违反吊装时施工人员不得在工件下面、受力索具附近及其他有危险的地方停留的相关规定，违规进入吊装危险区域内违章作业，桁架失稳将其砸伤。

2）间接原因

①建设公司安全管理不到位，施工项目安全管理人员配备不足，未针对桁架单片吊装作业制定专项施工技术措施，吊装作业现场无专门人员统一协调指挥，进行现场安全管理。

②建设公司安全教育培训不到位，安全管理人员及特种作业操作人员无证上岗，三级安全教育流于形式，未开展危险因素辨识，职工安全意识不强。

③科技公司安全监督管理不到位，对发包项目安全管理工作未进行统一协调管理，履行发包单位安全管理职责不到位，现场无安全管理人员，对施工人员违章行为未及时发现和制止。

（4）事故教训和相关知识

在建筑施工和设备安装中，起重作业涉及面广，作业环境复杂，作业危险性较大，稍有不慎就会造成人员伤亡事故。在建筑行业历年的事故中，起重伤害占有相当大的比例。对于起重作业造成的伤害，施工人员常说：“危险并不可怕，可怕的是不知道危险。”能够发现起重作业中的危险和隐患，采取有针对性的防范措施，就能避免或减少起重作业中的伤害事故，这既是施工人员的愿望，也是施工企业安全管理的重要内容。

造成起重伤害有多种多样的情况，站位不当是其中之一。在起重作业中，有些位置十分危险，如吊杆下、吊物下、被吊物起吊前区、导向滑轮钢丝绳三角区、快绳周围、斜拉的吊钩或导向滑轮受力方向部位等。如果在起重机作业时站在这些位置上，一旦发生危险不容易躲开，容易导致碰撞、被砸等物体打击事故。所以，在进行起重作业时，作业人员要格外注意自己的站位。不仅要注意自己的站位，还需要互相提醒、互相指点，以防不测。这起事故发生的主要原因，就是作业人员违规进入吊装危险区域内违章作业，桁架失稳将其砸伤导致死亡。

58. 起重机提升灯杆与6千伏电线距离过近发生触电事故

2010年7月29日，北京某供电电力工程有限公司（本案例简称电力工程公司）组织作业人员进行路灯安装工程施工过程中，发生一起触电事故，造成1人死亡。

（1）事故相关情况

电力工程公司经营范围为电力工程总承包、专业承包；电力工程设计；电力工程咨询等。

事发前，门头沟区市政路灯安装工程由电力工程公司组织实施。

（2）事故发生经过

2010年5月25日，电力工程公司负责人王某某，雇用杜某某（班长）、史某某（电工）、郭某某（安全员）、李某某（小工）、张某某（电工）、刘某某（电工）、何某某（起重机司机）7人，按照计划开始施工。

事发当日，电力工程公司在门头沟区水担路进行路灯拆装作业。

9时许，在拆装第4根路灯杆时，起重机将新灯杆在距离灯杆底座2米处吊起，李某某、史某某、刘某某手扶灯杆平移至灯杆底座，3人将灯杆基本安装到位后，史某某、刘某某去拿螺母和工具准备固定灯杆，留下李某某一人手扶灯杆。此时，李某某发现路基底座后排两螺栓未进入灯杆底座螺孔，未经允许私自指挥起重机将灯杆吊起。在提升过程中因灯杆发生转动，灯头与灯杆北侧上方6千伏铁路电线距离过近，产生感应放电，导致李某某触电，现场人员立即将其送往医院抢救，李某某经抢救无效死亡。

（3）事故原因分析

1）直接原因

李某某违反操作规程，擅自指挥起重机提升灯杆，使灯杆被提升约0.5米，提升过程中灯杆脱离底部螺栓产生旋转，原来面向东侧的灯头转向北侧，与6千伏电线距离过近，产生感应放电，导致李某某触电。

2）间接原因

①安全交底不到位。施工公司负责人王某某与杜某某及施工人员在进行安全交底时，讲明了满足不了安全距离的灯杆不予更换，但未对水担路不能更换的灯杆数量、地点进行明确。

②安全教育不到位。施工公司对何某某（起重机司机）安全教育培训不到位，导致何某某安全意识淡薄，违反“非指挥人员指挥时不起吊”的规定。

③安全距离不符合要求。按照规定：在带电设备附近进行立杆、撤杆工作，杆塔、拉线与临时拉线应与带电设备保持安全距离，且有防止立杆、撤杆过程中拉线跳动和杆塔倾斜接近带电导线的措施。

④现场当时正在安装的新灯杆最高点高12.5米，灯杆探出长度3.4米；6千伏电线垂直高度13米，距离灯杆底座水平距离3.1米，

不符合安全距离的要求。

⑤现场安全管理不到位。施工公司作业票注意事项规定：使用起重机应统一指挥，明确指挥手势，指挥人为杜某某，其他人不得指挥。而事发时杜某某在第 4 根电线杆基本吊装到位、起重机并未与灯杆脱离的情况下，没有继续对施工现场进行严格管控，导致李某某违反操作规程指挥起重机起吊，造成事故。

（4）事故教训和相关知识

在这起事故中，作业人员指挥起重机提升灯杆过程中，灯杆脱离底部螺栓产生旋转，与 6 千伏电线距离过近，产生感应放电，导致人员触电死亡。

在电力线路周围作业的起重机，为什么有时没有触及电力线路也会发生触电现象？这是因为，在电力线路周围空间存在着工频电场，电场强度随电力线路电压等级的提高而增强，且越靠近电力线路电场越强。当起重机的一部分（金属吊臂、吊绳或吊篮）逐渐接近电力线路时，其与电力线路之间的电场发生畸变，电场强度比电场未畸变时更强。在强电场的感应下，金属吊体的对地电位迅速升高，甚至使电力线路与金属吊体之间的空气被击穿，而使金属吊体变成带电体。此时地面上的操作人员如果触及金属吊体，人体就要承受与吊体对地电位差相等的接触电压，并导致有电流流过人体，从而发生触电现象。

这起事故被认定为是一起由于施工作业违反安全操作规程、作业现场疏于管理、作业人员违章指挥而导致的生产安全责任事故。事故企业应从事故中吸取教训：一是在电力线路附近作业时，所用的工具与材料不准接近电力线及其附属设施。二是施工单位应加强日常安全教育培训，使作业人员掌握本岗位安全操作规定，明确安全生产责任，作业人员必须经过安全教育培训且考核合格方可从事相关工作。

三是作业前应对相关人员进行有针对性的安全技术交底。

59. 违章用汽车起重机提升吊篮进行安装调整作业发生伤害事故

2017 年 4 月 20 日 18 时左右，位于常州市新北区某发电有限公司（本案例简称发电公司）煤场挡风抑尘改造工程工地，山西某科技股份有限公司（本案例简称科技公司）司机苑某操作汽车起重机的吊篮在下降过程中，吊篮一端的吊带从吊钩内滑脱，使吊篮失去平衡，站在吊篮中的沈某甲从吊篮内坠落至地面，引发一起起重伤害事故，导致 1 人死亡，直接经济损失 93 万元。

（1）事故相关情况

科技公司位于太原市国家高新技术产业开发区，经营范围为环保工程施工，风力及噪声控制技术，环境保护产品开发，设备研发、引进、培训等。

2017 年 2 月 26 日，发电公司与科技公司签订了煤场挡风抑尘墙工程项目施工合同，工程项目部经理为郝某某，安全员为刘某某。工程监理单位为安徽某工程监理咨询有限公司（本案例简称监理公司），现场总监为王某某，总监代表为孙某某。

（2）事故发生经过

2017 年 2 月初，科技公司进场对发电公司煤场挡风抑尘墙工程进行施工，主要工作是 1#、2#煤场全封闭干煤棚两侧钢架组装焊接、挡风抑尘墙安装等施工。

4 月 11 日，科技公司技术负责人翟某某电话联系何某某，通知他公司要安装挡风抑尘墙，并达成口头施工协议。

4 月 17 日，何某某安排王某某、沈某甲和沈某乙 3 人来到发电公司，翟某某安排刘某某负责接待。18 日至 19 日，发电公司对人员进行安全教育培训，并查看安装现场准备工作。

20 日，王某某、沈某甲和沈某乙 3 人来到工地，进行组装吊篮、安装悬挑梁等工作。17 时 30 分左右，王某某等 3 人在高约 18 米的钢架上安装、调整两个悬挑梁，尝试多种办法均未能安装到位。经过商量，由王某某请科技公司安全员刘某某帮忙，借用公司汽车起重机辅助安装悬挑梁，刘某某便安排苑某驾驶汽车起重机到达指定地点，王某某等人用两根吊带穿在吊篮两侧的钢架上，将吊带挂在汽车起重机的小钩上，王某某、沈某甲站在吊篮内让汽车起重机提升吊篮至钢架梁的最高处安装、调整两个悬挑梁，并将吊篮上的两根工作钢丝绳和安全锁钢丝绳固定在悬挑梁的两端，沈某乙在地面看护。

18 时左右，悬挑梁安装、调整完毕，王某某、沈某甲两人站在吊篮内随汽车起重机下降，下降期间吊篮发生过两次短暂的震动，未引起司机苑某重视，继续操作起重机匀速下降。当吊篮距地面约 9 米左右时，突然，汽车吊臂发生较大震动，吊带的一端从吊钩内滑脱，吊篮失去平衡发生倾斜，王某某顺势抓住钢架梁，并沿钢架从高处滑落至地面，沈某甲反应不及，从吊篮内坠落至地面。现场人员立即拨打“120”电话，经“120”救护车送至医院抢救，沈某甲终因多发伤抢救无效死亡。

（3）事故原因分析

1）直接原因

①起重机司机苑某用汽车起重机提升吊篮，作业人员站在吊篮内进行安装、调整作业，违反企业起重吊装安全技术交底中有关规定。

②沈某甲站在吊篮内冒险作业，未按规定系好安全带，在下降时也未采取临时防护措施，其不安全行为导致高处坠落事故的发生。

2）间接原因

①科技公司组织管理不严，对起重、吊篮安装安全管理规定执行

不到位，未编制专项吊篮安装方案，使用无吊篮安装资质的人员从事吊篮安装，也未进行安全技术交底，吊装现场安全管理不到位。

②监理公司安全监理职责履行不到位，未及时督促施工单位编制专项安装方案、落实相关安全措施，消除事故隐患。

（4）事故教训和相关知识

经现场勘查和分析，出事吊篮的西侧安全锁无钢丝绳穿入，而东侧的安全锁已穿入钢丝绳，钢丝绳的顶部与悬挑梁已连接固定。当吊篮随汽车起重机开始下降时，东侧的安全锁发生作用，咬住了钢丝绳，使吊篮出现了东高西低的倾斜现象，这时汽车起重机的吊带也出现东侧松弛而西侧绷紧的现象。当汽车吊继续下降，吊篮倾斜度继续变大，东侧安全锁承受的拉力也变得更大，当拉力超过安全锁额定承载力后，安全锁打滑，造成吊篮东侧突然下降，这时汽车起重机的东侧吊带也受力绷紧，这就是汽车起重机先后发生过两次短暂震动的原因，但是并没有引起司机的重视。当汽车起重机继续下降时，吊篮东侧吊带又发生松弛，东侧吊带钩在汽车起重机小钩上的部分出现了吊带绕过钩头的现象，当安全锁打滑造成吊篮东侧再次突然下降时，汽车起重机的东侧吊带又受力绷紧，东侧吊带由于绕过了钩头，使吊钩保险受到横向作用力而失去了防脱钩的作用，东侧吊带滑出吊钩，造成吊篮倾斜，导致事故发生。

在这起事故中，有两个人站在吊篮内随汽车起重机下降，当吊篮失去平衡出现倾斜时，一人顺势抓住钢架梁，并沿钢架从高处滑落至地面；另外一人反应不及，从吊篮内坠落至地面。发生坠落的作业人员在吊篮内作业未按规定系好安全带，在下降时也未采取安全防护措施，由此吊篮发生倾斜导致高处坠落。如果这位作业人员安全意识强一些，能够使用安全带，并将安全带一端固定在吊篮钢架上，那么在吊篮发生倾斜时，就不会坠落下来受到伤害。

 60. 进行吊装作业时吊点选择错误发生起重伤害事故

2017 年 1 月 13 日 17 时 50 分许，上海某建设发展有限公司（本案例简称建设发展公司）人员在无锡市永乐东路附近已拆迁的空旷场地进行钢筋混凝土块儿卸车吊装作业时，发生一起起重伤害事故，致 1 名作业人员死亡。

（1）事故相关情况

建设发展公司为一人有限责任公司（自然人独资），公司具有地基基础工程施工专业资质。

（2）事故发生经过

事发前，某集团有限公司因工程施工需要，与建设发展公司签订工程承包合同，约定由建设发展公司负责对钢筋混凝土块儿进行外运及处置。

事发当日，建设发展公司负责人何某某找来司索工马某某帮忙，并租用一辆卡车和一台汽车起重机配合施工。马某某在卡车上负责司索和起吊指挥，何某某在地面上负责吊放钢筋混凝土块儿和解吊索的卸扣。

作业至当日 17 时 50 分许，已完成七块钢筋混凝土块儿的运输及卸车吊装作业，开始卸车第八块钢筋混凝土块儿。马某某将 2 根吊索的卸扣分别安装在钢筋混凝土块儿中间和位于卡车尾部的钢筋吊环上后，站在车厢前端指挥汽车起重机起吊，当钢筋混凝土块儿被吊起后，马某某指挥卡车前行。当卡车刚刚前行约 3 米左右时，钢筋混凝土块儿上中间的吊环突然断裂，钢筋混凝土块儿坠落，击中卡车车厢尾部，瞬间引起车头翘起、车身倾斜，马某某被从车厢甩出并坠落至地面。

事故发生后，现场人员迅速将马某某送往医院抢救，因伤势过

重，马某某经抢救无效于当日死亡。

（3）事故原因分析

1）直接原因

马某某安全意识不足，司索和指挥汽车起重机进行吊装作业时，吊点选择错误，致使钢筋混凝土块儿上的吊环受力超过其承载能力后断裂，钢筋混凝土块儿坠落并击中卡车车厢尾部。

2）间接原因

①建设发展公司施工现场安全管理存在明显漏洞，未按规定对临时外聘人员进行安全教育和安全技术交底，造成作业人员安全意识不足，缺乏对施工现场安全风险的辨识能力。

②建设发展公司作业人员进行起重吊装作业时，未制定专项技术方案，致使作业人员凭经验盲目施工作业。

③建设发展公司安全管理存在薄弱环节，对施工现场的安全生产工作督促检查不力，未及时发现和纠正施工现场临时用工管理混乱和施工技术准备不足的问题。

（4）事故教训和相关知识

这起事故的发生，与司索和指挥汽车起重机进行吊装作业时，吊点选择错误，致使钢筋混凝土块儿上的吊环受力超过其承载能力后发生断裂有直接的关系。

起重吊、索具是起重吊装作业的重要辅助工具，主要包括钢丝吊索、吊带、吊钩、钢板钳等。吊、索具的品种繁多，使用环境复杂多变，危险因素多，如果使用不当或管理不善，极易发生事故。在吊、索具的使用上，比较危险的情况有这样几种：一是使用人员的安全意识淡薄，在作业过程中为抢进度、赶工期，简化作业过程，甚至违章冒险作业。二是某些使用人员的安全技术素质较低，不了解吊、索具的基本性能和使用要求，更不掌握如何确定吊物重心和确定吊挂的方法，以至于在具体操作中随心所欲，能不能保证吊运安全，完全靠运气。

企业在安全管理中应加强吊、索具的管理，根据生产实际制定相应的吊、索具安全管理制度，对在用吊、索具进行全面登记，建立吊、索具明细卡。在每条吊、索具上悬挂铭牌，标有名称、型号、荷载、投入使用日期等内容。加强吊、索具的日常安全管理，做到专人管理、专人使用、定点存放、定期检查、及时报废，并做好吊、索具的维护与保养工作。与此同时，要强化吊、索具使用人员的安全培训，要求使用人员掌握吊、索具的基本安全技术知识，熟悉所用吊、索具的基本性能和使用要求，了解在不同的使用环境中吊、索具重心确定及荷载的计算，掌握所用吊、索具的安全检查方法和报废标准等。只有掌握了这些基本安全知识，并在实践中合理运用，才能保证正确使用吊、索具，确保起重吊运的安全。

61. 在副吊钩靠近滑轮的情况下起重作业致钢丝绳断裂

2014 年 1 月 12 日 9 时 30 分左右，位于长沙市雨花区建设工地发生一起起重伤害事故，造成 1 人死亡、直接经济损失 99. 8 万元。

（1） 事故相关情况

事故工程施工单位为某集团建筑工程公司（本案例简称建筑工程公司）。

建筑工程公司始建于 1950 年，是国家大型建筑施工企业，有员工 1 800 人，资产总额约 40 亿元。

2013 年 5 月 25 日，建筑工程公司与汽车起重机个体租赁户刘某甲签订了汽车起重机租赁协议。双方约定将工地钢筋的吊卸工作承包给刘某甲，刘某甲根据需要及时提供汽车起重机。刘某甲根据协议安排了 1 台汽车起重机为工地进行钢筋吊卸作业。事发当天，该汽车起重机的操作人员为柳某某，指挥人员为刘某乙。

（2）事故发生经过

2014 年 1 月 11 日，建筑工程公司通知刘某甲第二天要使用汽车起重机，刘某甲安排柳某某操作起重机，在柳某某出车前，刘某甲没有提醒柳某某该起重机控制检修开关已经处于打开状态。

1 月 12 日 8 时多，柳某某驾驶汽车起重机来到建设工地，将车停放在 15 号钢筋棚前的水泥路面上，准备协助钢筋班的工人将部分钢筋吊运到该项目部其他号施工现场。当时在钢筋棚施工作业的有钢筋班的 14 名工人。钢筋班班长杨某某安排了 2 名工人在卡车上负责接收、码放吊装到卡车上的钢筋，自己和其他 3 名工人在下面负责搬运，现场的吊装指挥和地面的司索挂钩由刘某甲雇请的刘某乙负责。

当时已经加工好的钢筋重约 6 吨，分两堆被整齐码放在钢筋棚里。柳某某操作汽车起重机先将其中一堆钢筋分两次吊运到卡车上后，开始缓慢后拉主操作杆将主吊钩升起，然后再操作大臂向左摆动准备吊运下一堆钢筋。当柳某某操作大臂向下变幅时（当时负责指挥的刘某乙正站在大臂下方用手扶着主吊钩的钢丝绳），副吊钩钢丝绳瞬间绷紧，由于副吊钩已经处于最高限度位置无法继续上升，造成副吊钩钢丝绳绷断，副吊钩随之坠落（约 80 千克），砸在正在搬运钢筋的杨某某头上。

事故发生后，现场人员立即拨打了“120”急救电话。约 10 分钟后，“120”急救车赶到现场，经医生鉴定，杨某某已经当场死亡。

（3）事故原因分析

1）直接原因

①刘某甲违规打开汽车起重机控制检修开关，导致高度限位系统不能发挥保护作用，为事故发生埋下了严重的安全隐患。

②汽车起重机操作人员柳某某违规操作，在副吊钩过于靠近滑轮的情况下进行起重作业，在操作大臂向下变幅时，由于高度限位器不能发挥作用，导致副钩上升超过上限高度，直至钢丝绳卡碰到滑轮，导致钢丝绳断裂引发事故。

2）间接原因

①建筑工程公司在对租用汽车起重机的安全检查中，未对汽车起重机的限位系统进行全面检查，未及时发现操作人员违规使用检修控制开关操作起重机进行作业的危险行为；对特种作业人员的资格审查把关不严，未及时发现起重指挥人员无证上岗的问题。

②建筑工程公司对施工现场管理不严，在进行吊装作业时，未按照规定要求安排专门人员到现场进行安全管理，未及时发现和纠正刘某乙既负责起重指挥又负责司索挂钩的违规行为。

③刘某乙在指挥起重作业时，精力不集中，未及时发现并制止杨某某从吊钩下经过的不安全行为。

（4）事故教训和相关知识

起重机司机柳某某持有起重机械作业资格证，但刘某乙未取得起重指挥的相关资格证，也未经过相关的作业培训。经查，刘某甲自购买该汽车起重机后，为了图省事和方便起重操作，用铁丝将起重机控制检修开关强行固定在打开位置，使该汽车起重机一直处于强制工作状态。按操作规定，控制检修开关只能在设备检修时使用，一旦打开，高度限位系统失去保护作用，容易导致过卷扬发生事故。

对于这起事故，起重机司机柳某某应承担一定的责任，刘某甲作为汽车起重机的个体租赁户也要承担一定的责任。对刘某甲来讲，在日常管理中，要加强对出租机械设备和操作人员、指挥人员的管理，严禁将带故障的机械设备出租给使用单位，严禁机械设备带故障运行，严禁违规操作使用机械设备，严禁使用无证人员从事特种作业。

对建筑工程公司来讲，要加强安全生产管理，加大对作业场所的安全生产检查力度，及时发现和消除事故隐患，杜绝违法、违章行为，确保安全生产。公司要认真履行安全职责，进一步规范起重机械的承租、使用、验收工作；进一步完善起重设备管理制度，确保起重机械设备得到经常性和定期的检查、维护和保养，并有相关的记录；严格审核把关和监督检查，杜绝起重设备操作人员和指挥人员无证上岗。

 62. 吊运物资距离高压线过近斜向拉动吊钩不慎触电

2015 年 11 月 30 日 9 时 36 分左右，某能源工程技术有限公司（本案例简称能源工程公司）在廊坊市恒康街古县村村口进行转场吊运物资过程中，发生一起触电事故，造成 1 名员工死亡，直接经济损失 98 万元。

（1）事故相关情况

能源工程公司位于廊坊市开发区，经营范围为能源工程技术研究、开发、集成与转化，对外承包工程，工程咨询等。

（2）事故发生经过

2015 年 11 月 30 日 9 时 36 分左右，能源工程公司刘某某、张某、李某某等人，在廊坊市恒康街古县村村口进行转场吊运物资。起重机司机杨某某操作汽车起重机，辅助工李某某在用手斜向拉动吊钩吊挂施工物资时，起重机吊绳发生摇晃倾斜触碰到高压线，致使李某某触电。

事故发生后，附近人员立刻拨打“120”救援电话，救护车到达后立刻将李某某送往医院进行抢救，李某某因伤势过重抢救无效死亡。

（3）事故原因分析

1）直接原因

李某某违规斜拉起重机吊绳不慎触电是事故发生的直接原因。

2）间接原因。

①辅助工李某某在吊装作业中未采取任何防护措施，不听劝阻，违规操作，斜拉吊绳。

②起重机在吊装作业时未配备现场指挥人员和监护人员。

③能源工程公司现场安全监管不到位，在吊装作业时现场指挥人员不在现场，未能按规定有效地指挥作业。

④能源工程公司安全管理人员对员工安全培训教育不到位，致使员工安全意识淡薄，未能严格按照公司安全管理制度和操作规程实施作业。

⑤能源工程公司未严格按照国家相关法律法规的有关规定，督促、检查、落实吊装作业管理制度，未及时发现并消除安全生产事故隐患，安全生产责任制没有得到有效落实。

（4）事故教训和相关知识

对汽车起重机来讲，在作业时要特别注意高压输电线，在有高压电通过的区域或在有带电物体存在的区域进行吊装作业时，必须采取有效措施防止电击伤害。汽车起重机伸缩臂可以升高，可以回转，随着回转和变幅运动，吊臂的位置随时变化，更应引起司机及指挥人员的高度注意。在操作中，不要以为只有吊臂端部触及高压线才能发生电击事故，事实上，当吊臂端进入高压电危险区内，其间的空气被高压电击穿可使吊臂带电，所吊的工件也随之带电，作业人员触及工件时与大地构成回路，即造成触电事故。因此在作业现场有电的情况下，应对作业人员进行防触电安全知识教育，并对司机等人进行安全技术培训。

在输电线附近进行起重作业，应采取的防范措施，一是在汽车起重机上应有预防触电的报警装置，或在起重机金属结构上临时接一个电阻值小于4欧姆的接地电阻，作业人员穿高压绝缘鞋，戴绝缘手套，防止触电事故的发生。二是当作业环境比较复杂时，应设置专职的指挥人员或信号员，站在作业区安全线以外，负责施工作业的安全。三是汽车起重机司机在作业前一定要认真观察和分析作业环境。在作业上方有高压线时，司机一定要考虑好怎样在作业中避开高压线，车停放在哪里、怎样起吊工件、怎样回转、出现突发情况如何处理等，都要做到心中有数，一旦发生事故才能沉着冷静迅速采取措施。

63. 起重机吊臂与高压线距离过近线路放电致人员触电

2016年6月4日14时17分，肃宁县某水泥制品厂（本案例简称水泥制品厂）人员在肃宁县师素镇南王村村北田间道路吊装水泥预制板过程中，发生触电事故，造成3人死亡，直接经济损失约200万元。

（1）事故相关情况

水泥制品厂位于肃宁县城关镇，属于个体工商户，经营范围为制造、销售水泥制品。根据调查，该厂法定代表人为宋某甲，其父宋某乙实际负责日常生产经营工作，共有工人6人。

2016年6月1日，肃宁县师素镇南王村支部书记田某某电话联系宋某甲，商讨定制一批水泥预制板放置到新修的田间道路两侧低洼处，防止雨水冲刷路基，损坏道路。双方约定由水泥制品厂负责制作、运送并放置水泥预制板至田间道路两侧，双方仅口头约定，未签订书面合同。

（2）事故发生经过

2016 年 6 月 4 日 8 时左右，宋某乙带领员工边某某、都某某、李某甲、李某乙、张某甲、武某某等 6 名工人，驾驶货车及随车起重机运输车（无牌照）运送水泥预制板到南王村，南王村村民张某乙、刘某某负责平整路面、往水泥预制板下方填土。当天上午宋某乙带领工人在南王村村南的田间道路两侧放置了水泥预制板。

14 时左右，宋某乙带领工人到村北的道路上继续工作。货车车头向北停放，随车起重机运输车在货车的南侧，车头也向北，宋某乙负责指挥作业，都某某站在随车起重机运输车西侧路面上操作随车起重机从货车上吊装水泥预制板，李某甲、李某乙站在货车车厢中负责给水泥预制板挂钩，张某甲、武某某、边某某在田间道路西侧低洼处负责摘钩并调整放置水泥预制板，其中张某甲和武某某站在水泥板两侧，一手扶水泥预制板一手扶吊钩，边某某站在两人中间，双手扶水泥预制板对位。

14 时 15 分左右，施工地点移到 10 千伏高压线下，宋某乙、李某乙、南王村村民等多人提醒都某某作业地点上方有高压线，都某某表示知道了。14 时 17 分，都某某操作吊臂向下吊装水泥预制板，距地面 1 米左右时，作业地点上方的 10 千伏高压线（南边相）对随车起重机吊臂放电，造成手扶吊钩放置水泥预制板的张某甲和武某某触电倒地，继续下放的水泥预制板压在 2 人身上，站在旁边的宋某乙急忙去拉倒地的张某甲，也触电倒地。

看到 3 人倒地，张某乙意识到可能是触电，使用铁锹木把将挂钩钢丝绳从起重机吊钩上挑开，并与随后赶到的刘某某、李某甲、李某乙、边某某等人将预制板抬走，李某甲、都某某拨打“120”急救电话，之后几人分别给 3 名受伤人员做人工呼吸。过了约 20 分钟，救护车赶到现场，经医生检查认定，3 人因电击死亡。

（3）事故原因分析

1）直接原因

在未明确起重机与10千伏高压线安全距离，未采取安全防护措施、作业人员未使用安全防护用品的情况下，宋某乙指使都某某在高压线附近操作随车起重机，作业中起重机吊臂与高压带电线路距离过近，导致10千伏高压线路放电，2名工人触电。宋某乙救援不当致使事故扩大。

2）间接原因

①水泥制品厂违反《河北省电力条例》有关规定，在未征得当地电力行政管理部门同意，未采取相应的安全措施的情况下，擅自在架空高压线路保护区内进行起重吊装作业。

②水泥制品厂安全管理不到位，一是未建立安全生产责任制度、安全生产管理制度、安全生产操作规程；二是未对从业人员进行安全生产教育和培训，未建立安全生产教育和培训档案；三是未建立健全生产安全事故隐患排查治理制度，未能采取技术、管理措施，及时发现并消除事故隐患。

③水泥制品厂主要负责人未落实安全生产管理职责，未建立、健全本单位安全生产责任制，未组织制定本单位安全生产规章制度和操作规程，未保证本单位安全生产投入的有效实施，未组织制定生产安全事故应急救援预案，未组织制订并实施安全生产教育培训计划。

（4）事故教训和相关知识

在这起事故中，当施工地点移到10千伏高压线下作业时，在场多人提醒作业地点上方有高压线，要操作起重机人员小心在意。操作起重机人员没有采取防范措施，结果导致高压电线对随车起重机吊臂放电，造成人员触电事故。其实，采取措施也许并不困难，把汽车开得稍微远一点儿，避开高压线，也就避开了危险，虽然搬运水泥预制板多费一些力气，大家也会理解，毕竟生命是无价的。

 64. 在高压线下进行吊装作业忽视安全致人员触电

2010 年 4 月 1 日，北京某园林绿化工程有限公司（本案例简称园林绿化公司）在北京市丰台区经仪郊野公园建设工程施工过程中，发生 1 起触电事故，造成作业人员高某某死亡，直接经济损失 40 万元。

（1）事故相关情况

北京市丰台区经仪郊野公园建设工程承包单位为园林绿化公司，劳务分包单位为北京市某绿化工程有限公司（本案例简称劳务分包单位）。

（2）事故发生经过

2010 年 4 月 1 日 15 时左右，园林绿化公司在丰台区经仪郊野公园工地组织施工，利用起重机将运输车辆上的苗木吊入苗木坑内，在作业过程中，起重机大臂触及起重机上方的高压线，挂钩工高某某在挂钩时被电击。现场人员随即将高某某送往医院，高某某经抢救无效死亡。

（3）事故原因分析

1）直接原因

工人高某某和起重机司机彭某某，在未取得特种作业操作证书的情况下从事特种作业，违章作业是事故发生的直接原因。

2）间接原因

①园林绿化公司安全管理不到位，该工程安全技术交底明确规定：外租机械进场前必须签订安全协议书，写明安全施工责任，由项目部的技术员进行安全技术交底。事故发生前，园林绿化公司未能及

时发现雇用起重机司机和现场作业人员无特种作业操作证从事特种作业的情况。

②劳务分包单位安全生产责任制落实不到位，施工现场负责人在未报请园林绿化公司同意的情况下，雇用了起重机及起重机司机在高压线下进行吊装作业，同时，未在现场安排指挥人员。

③园林绿化公司安全教育培训落实不到位，在作业区有“上方高压线裸露，15 米外作业安全”明确警示标识的情况下，对高压线下组织吊装作业未进行安全技术交底。

④园林绿化公司安全检查制度落实不到位，未及时发现存在的安全生产隐患，对现场作业缺乏检查，导致违章作业未能被及时被制止。

（4）事故教训和相关知识

这是一起典型的由于安全管理缺失，安全生产责任制未落实，严重违章作业造成的生产安全责任事故。

相关企业应从事故中吸取教训，加强对现场的实际勘查，编制施工安全技术方案，严禁冒险作业。要加强现场安全管理，关键部位施工时，现场必须有管理人员进行监督，确保施工人员和设备的安全。在施工前应对施工人员进行安全技术交底，组织作业人员认真学习安全操作规程，明确作业现场存在的各项安全隐患，督促作业人员严格按照安全操作规程实施作业。施工单位应加强对特种作业人员的管理，对分包单位特种作业人员应严格履行审查义务，防止人员无证操作。

 65. 站在女儿墙上指挥吊装作业被运行的料斗刮伤

2012 年 9 月 6 日下午，泰州医药高新区一处在建工程在吊装混

凝土过程中发生了一起起重伤害事故，造成1人死亡，直接经济损失约80万元。

（1）事故相关情况

泰州市某建筑安装工程有限责任公司（本案例简称建筑安装公司）主要经营房屋建筑工程施工总承包，建筑装修装饰工程专业承包，起重设备安装工程专业承包。

2012年，泰州医药高新区二期工程开工建设，建筑安装公司作为施工方参与建设，该工程共有11栋小高层、5栋花园洋房和19栋别墅，建筑总面积11万平方米。事发地点为18#别墅，该别墅为三层框架结构，最上层设计为中间阁楼、南北平台。南平台长3.3米，宽1.6米，南侧为女儿墙，女儿墙上部距地面垂直高度8米左右。事发时，18#别墅正进行三层南平台找平作业。

（2）事故发生经过

2012年9月6日下午，建筑安装公司瓦工班长丁某某安排张某某、于某某、毛某某3名瓦工到18#别墅三层平台进行找平作业。找平用的混凝土由位于18#别墅东侧的4#塔式起重机吊运，张某某等3人通过喊话的方式指挥塔式起重机吊运混凝土。

15时30分左右，张某某等3人开始在三层南平台找平作业。16时左右，在塔式起重机吊运第4斗混凝土时，张某某爬上女儿墙指挥，被运行中的料斗刮到，张某某顺手抓住料斗，并随着料斗向南、向下移动，下降约1.5米后，张某某脱手坠落地面。

事故发生后，现场人员立即拨打了“120”急救电话，将张某某送至医院抢救。9月6日23时左右，张某某经抢救无效死亡。

（3）事故原因分析

1）直接原因

张某某擅自站在女儿墙上指挥塔式起重机吊装作业，被运行中的料斗刮到，导致事故发生。

2）间接原因

①建筑安装公司对施工现场疏于管理，未安排专门人员对吊装作业现场进行安全管理。

②建筑安装公司在塔式起重机进行吊装作业过程中，由无特种作业操作证的瓦工现场指挥吊装作业。

③建筑安装公司在吊装作业施工前，未对施工人员进行安全技术交底。

（4）事故教训和相关知识

起重吊装作业需要起重机司机、指挥人员和装卸人员三者之间相互配合，尤其是起重机司机和指挥人员的准确配合十分重要，稍有疏忽，极易造成事故。在这起事故中，起重机司机与指挥人员没有协调配合好，结果发生了事故。

相关企业对事故要吸取教训，要加强对起重机司机、指挥人员的安全意识和安全技能教育。应经常组织起重机司机、指挥人员学习安全技术操作知识、安全操作规程和起重指挥信号，对他们进行事故案例教育，组织他们开展吊装作业危险辨识，教授他们躲避危险、化解对方误指挥或误操作的方法，提高他们安全指挥和安全操作的技术能力。应经常组织起重机司机、指挥人员学习有关安全生产法规，巩固和提高他们遵章守法的自觉性，提高安全意识和安全责任感，使他们懂得如何正确处理安全与生产的关系。经常组织起重机司机之间、指挥人员之间开展安全技术操作、安全指挥技术交流，结合生产实际开展岗位技术练兵活动；适时组织起重机司机与指挥人员开展对话沟通活动，密切他们之间的关系，交换相互间的看法。通过教育培训、相互沟通交流，不仅能够提高工作效率，也有助于增加作业的安全可靠性，减少事故的发生。

66. 起吊高度超过缆风绳长度钢管失稳发生物体打击事故

2012 年 5 月 21 日 13 时 10 分左右，在上海某化工股份有限公司（本案例简称化工公司）炼油改造项目安装工程发生一起物体打击事故，造成 1 人死亡。

（1）事故相关情况

上海某实业有限公司（本案例简称实业公司）经营范围包括管道设备安装、管道工程、钢结构制作安装，建筑工程机电设备安装等。

事发前，实业公司承建化工公司炼油改造项目安装工程。

（2）事故发生经过

2012 年 5 月 21 日 13 时 10 分左右，实业公司根据工程进度，在承建工程六路桥桥面一高约 14 米的管廊进行穿管作业，当钢管起吊超过管廊架时，用于保持平衡的缆风绳长度不够，从作业人员手中脱离，造成钢管发生摆动。钢管在撞击管廊架后，从吊带绳中滑脱坠落，落地反弹后，砸中在桥面穿越吊装警戒区的工人王某某。

事故发生后，工程项目部将王某某送往医院，15 时 39 分，王某某经抢救无效死亡。

（3）事故原因分析

1）直接原因

实业公司采用单点吊装的方式进行穿管作业，当钢管起吊高度超过缆风绳长度时，钢管失稳，在撞击管廊后，从吊带中滑脱坠落至地面，反弹后砸中穿越吊装警戒区人员的头部。

2）间接原因

①实业公司在组织施工过程中管理混乱，吊装作业前未进行安全交底；索具、卡具、揽风绳选用不当，且没有按照项目部要求的方式

进行穿管作业。

②实业公司安全教育和管理存在缺陷，公司人员安全意识淡薄，施工现场安全检查存在疏漏，吊装警戒区设置不到位，地面安全监护人员履行职责不力。

（4）事故教训和相关知识

在这起事故中涉及单点吊装。事故的发生的间接原因之一，是没有按照项目部要求的方式进行吊装，而采用单点吊装的方式进行穿管作业。当起吊高度超过揽风绳长度时，缆风绳从作业人员手中脱离，致钢管失稳。钢管在撞击管廊后，从吊带中滑脱坠落至地面，反弹后砸中穿越吊装警戒区人员的头部。

单点吊装就是在需要起吊的设备上设置一个吊点进行吊装。单点吊装的优点很明显，比如在施工作业中不用寻找设备的重心，可以在设备的任何一点设置吊点，这会使作业过程更加简便。所以，在吊装作业中，工作人员为了方便，很多情况下会采用单点吊装的方法。但单点吊装的方式存在很多不安全因素，有时候会造成被吊设备在空中发生较大幅度的摆动，影响吊装的稳定性。如果被吊物太重，极有可能造成吊装带断裂。除了单点吊装，还有一种吊装方法是串心吊装，将吊带从管状工件的孔穿过，可一次吊装多个工件。串心吊装不仅方法简单，而且效率很高。但是这种吊装方法可能使工件锋利的边缘割断吊装带，导致在吊装的过程中工件坠落。因此在吊装时需要在吊装工件的边缘进行衬垫，由此也就比较麻烦。这起事故之所以采用单点吊装，而不采用串心吊装，据分析是为了图省事。

在起重作业时，应综合现场各种因素，谨慎选择安全可靠的吊装方法，在保证人员和设备物品安全的前提下，让吊装工作方便快捷，让作业过程更加安全顺利。

班组应对措施和讨论

在生产、检修与项目施工中，常用到起重机械，在起重机械作业过程中，经常发生人员伤亡事故，而有些事故的发生，是可以完全避免的。

1. 起重作业的典型事故案例

发生起重作业事故，在许多情况下是由于人员的疏忽大意造成的。由于起重作业是群体劳动，如果作业人员之间的配合不当或作业人员赶进度、图省事等原因，最容易导致发生事故。

(1) 钢丝绳脱钩匆忙再挂被砸事故

有一年4月25日8时30分，某冷轧厂准备车间轴承班班长张某某开班前会，对当天工作进行安排。当天的工作任务是安装机架，分2组进行，一组为李某、王某、刘某3人，负责安装2台机架；另4人为一组，负责安装3台机架。桥式起重机司机张某配合2个组进行吊装作业。

10时30分，李某这一组第一台机架安装完毕，准备将机架吊离安装平台。李某打手势让张某将起重机开到安装平台上方来，刘某和王某对机架进行捆绑。刘某在机架靠近大门一侧挂钢丝绳，王某在刘某对面挂钢丝绳，李某站在刘某同侧进行指挥。王某挂好钢丝绳后问刘某挂好没有，刘某回答说挂好了，王某即开始指挥起吊。由于起重机驾驶位置位于机架安装平台斜上方，起重机司机看不见所吊的机架，只能凭信号起吊。张某听到指挥信号后，立即打铃警示并提升机架。刚一提升，张某就看到王某快速后退并摔倒在地，便赶快停止起吊。此时，王某这一侧的钢丝绳脱落，而机架已被提升，机架被拉倒砸在王某身上。现场人员急忙用脱落的钢丝绳重新捆好机架并迅速吊起，将王某救出送往医院，王某经抢救无效死亡。

在起重操作中，王某挂好钢丝绳，当发出起吊信号后发现钢丝绳脱落，抱着侥幸心理上前准备重新挂绳，结果被机架撞倒。

(2) 轮式起重机将人挤伤死亡事故

有一年9月14日10时30分，上海某铸铁厂准备将堆放在渣钢场地的渣钢装车运走，将轮式起重机调来作业。在连续吊装渣钢约20吨装满二辆卡车后，起重机司机和6名工人停工休息，等待卡车卸料后返回。过了20分钟，一直坐在驾驶室等待的起重机司机考虑到卡车快回来了，需要继续吊装渣钢，便打铃示意周围的人走开。把钩工范某某听到铃声后，也呼唤周围的人迅速离开。处在起重机右侧背对车身的5名工人估计起重机回转时碰不到他们，对铃声毫不理会，而置身于轮胎夹档中的孙某也毫不理会。起重机司机打了二次铃，误认为周围无人便开始操作，将车身复原，并朝正西方向移动，结果将孙某挤死。

这起事故的发生，是受害人安全生产意识淡薄，缺乏自我保护意识，未执行该厂安全生产规定，违章擅自置身于起重机活动禁区内造成的。

(3) 在吊起的吊物上作业摔伤事故

有一年8月15日10时25分，抚顺某钢厂铸造车间废钢放置场的龙门起重机小车掉道，急需维修。维修时维修工段段长肖某某图省事，没按安全要求搭设脚手架进行高处作业，而是让工人站在龙门起重机吊起的钢板簸箕上进行维修作业。由于钢丝绳太长，作业人员便把钢丝绳盘了几个圈重新挂在起重机吊钩上缩短钢丝绳的长度。这时，起重机司机提出质问："能行吗?"作业人员回答说："行，你吊吧。"于是两名作业人员站在簸箕上面，起重机司机缓缓起吊，提升至距地面9.7米处。站在簸箕上的两人刚要作业，由于重心偏移使簸箕失去平衡，致使钢丝绳松动滑落，钢簸箕出现倾斜，导致二人从簸箕口坠落到地面，造成一死一伤。

起重机械安全规程明确规定，被吊物体上禁止有人作业。这起事故的发生是因为受害者违章乘坐吊物、起重机司机违章操作造成的。

2. 起重作业事故的预防措施

起重作业属于危险性较大的作业，在进行作业时，要特别注意安全，落实预防措施。

(1) 起重机司机、司索、指挥人员要经过专业培训、考核并取得证书，作业时要严格执行安全操作规程，杜绝违章操作；起重装置和设备应处于检验合格的有效期内；起重设备的安全装置应正常工作。

(2) 起重机在进入作业区前，作业人员应对作业区内道路、土质、转弯角度、路和路边是否有障碍物进行勘查。进入作业区后，必须及时设置安全警戒区域。

(3) 起重机支脚时，应对当地的地质状况进行分析，用枕木(或钢板等) 将支脚垫牢。在起重机臂杆转动、伸出、升高时应对周围环境进行检查，检查是否有高压电线和其他障碍物。

(4) 作业前要圈定作业区域，悬挂警示标识，禁止无关人员进入。

(5) 起重作业前，所有的用具须经专业人员检查，总负载不得超过起重设备的装载能力。在捆绑重物前，要对吊钩、吊索、吊具和被吊物件的外观等进行检查，不得有破损。

(6) 吊索、吊具应固定在被吊物件的吊环或吊耳上，起重设备的吊钩应系在被吊物件的重心上方。在吊索与被吊物件接触的棱角部位要加衬垫，确保安全。

(7) 重物被吊起5~10厘米后停止，进行安全检查，检查没有隐患后再升高。防止被吊物件在空中摆动。

(8) 指挥人员在指挥起重作业时，信号、动作要准确；司机、司索人员要认真操作，协调配合；发现异常情况应及时相互联系，共同做好作业安全工作。

3. 班组讨论

（1）你从事过起重作业吗？你认为起重作业危险吗？

（2）如果你从事过起重作业，你认为起重作业最危险的因素是什么？

（3）如果你从事起重作业，你会注意自己的站位吗？你会听从组织者的指挥吗？你会特别注意哪些事项？

（4）在了解了许多起重作业事故后，如果你从事起重作业并发现有人违章时，你会进行制止吗？

（5）你会把起重作业安全注意事项告诉其他人吗？你会把起重作业事故教训讲给大家听吗？

五、用电作业现场事故

在现代生产生活中都离不开电，电的使用给人们带来了各种便利，同时也会引发触电事故。触电事故是指由于电流通过人体或带电体与人体间发生放电而造成的人身伤害事故。对于企业来讲，要预防人员触电事故，企业管理者的安全意识和作业人员的自我保护意识是重中之重。因此必须贯彻“安全第一，预防为主”的方针，建立健全安全生产各项规章制度，落实安全措施，加强对各类设备设施和电气设备设施的管理，注意及时发现和消除安全隐患，特别是生产作业现场的安全隐患；加强安全用电宣传，普及电气安全知识教育，使员工了解和掌握正确用电技能和相关知识，切实减少人员触电事故的发生。

67. 潜水泵电源线铜芯裸露被绑扎在把手上导致触电

2017 年 9 月 6 日 11 时 30 分左右，泰州某水务公司（本案例简称水务公司）第二水厂（本案例简称二水厂）在反冲洗泵房抽水作业时，发生一起触电事故，造成 1 人死亡，直接经济损失 98 万元。

（1）事故相关情况

水务公司成立于 2005 年 6 月，属于有限责任公司。

（2）事故发生经过

水务公司在生产中，二水厂 9 号滤池反冲洗阀门需要更换，事发前一天下午在未办理临时用电许可的情况下，二水厂副厂长陈某安排机电维修班工人杨某和周某从仓库内拿了仅有的 1 只临时配电箱，放在反冲洗泵房北侧平台上并接上电源。杨某、周某未持有特种作业操作证书。

9 月 6 日 9 时许，陈某、杨某、周某、于某到反冲洗泵房更换 9 号滤池反冲洗阀门，杨某将 1 台潜水泵电线接到临时配电箱上，启动潜水泵抽取泵房内的积水。为了加快抽水进度，经陈某同意，2 名工人和周某从防汛室内拿了 1 台“泰丰”牌污水污物潜水泵（本案例简称泰丰潜水泵）竖立在泵房内抽水，该潜水泵约 75 千克，功率 4 千瓦，额定电流 8.8 安培，额定电压 380 伏特，流量 70 立方米/小时，出厂日期为 2010 年 1 月。

11 时 30 分左右，反冲洗泵房内水位下降到 70 厘米左右，为防止继续抽水导致电机空转将潜水泵烧坏，杨某穿着短裤从北侧平台的梯子下到反冲洗泵房内，将原先竖立的泰丰潜水泵放平。此时，周某和于某听到杨某呼喊，周某立即将临时配电箱的总电源开关关闭，发现杨某已经头向东北方向趴在泰丰潜水泵上。

事故发生后，陈某、周某和于某立即将杨某从反冲洗泵房内扶到北侧平台进行急救，并拨打了“120”急救电话，“120”急救人员将杨某送往医院抢救，杨某经抢救无效死亡。

（3）事故原因分析

1）直接原因

泰丰潜水泵的电源线被用金属丝绑扎在把手上，绑扎处绝缘被磨损且铜芯裸露，造成杨某在移动潜水泵时触电。

2）间接原因

①操作人员违规操作。杨某在将泰丰潜水泵平放时未断电，且未使用劳动防护用品。

②设备设施存在缺陷。临时配电箱中的漏电保护器选用不当，二水厂仅有的 1 只临时配电箱，配电箱漏电保护器的额定动作电流值为 300 毫安，不符合相关安全规定。

③现场管理不到位。作业人员未办理临时用电作业票；管理人员未能发现泰丰潜水泵电源线破损的隐患；临时用电作业人员未持有特种作业操作证；现场负责人未有效制止杨某带电操作且未使用劳动防护用品的行为。

（4）事故教训和相关知识

在这起事故中，潜水泵的电源线被用金属丝绑扎在把手上，绑扎处绝缘被磨损且铜芯裸露，造成作业人员在移动潜水泵时触电。

把潜水泵电源线绑扎在把手上，是一些作业人员常采用的做法。采用这样的做法，在把潜水泵从河里、池塘里、鱼池里弄上岸的时候，可以通过拉动电源线的方式进行，而不必下水。这样的做法省事、简便，被一些作业不规范的人员经常采用。这样做会对电源线造成伤害。

预防潜水泵漏电伤人事故，需要注意以下事项：

1）潜水泵采取保护接地是国家强制性要求。只有采取保护接地，才能确保使用时的人身安全。如果没有保护接地，一旦潜水泵外壳漏电，就造成与潜水泵接触的水体带电，危及人员安全，同时浪费大量电能。若将潜水泵的金属外壳与接地体（接地电阻不大于 4 欧姆）进行连接，当潜水泵外壳漏电时，电流经潜水泵金属外壳、保护接地线和电源形成一个闭合回路，当漏电电流较大时，就能使潜水泵的保护装置动作（熔断器熔断或空气开关跳闸），切断漏电潜水泵的电源。

2）潜水泵工作在水中，容易漏电造成电能损失甚至引发触电事故。如果在潜水泵上装有漏电保护器，只要潜水泵漏电值超过漏电保护器的动作电流值（一般不超过 30 毫安），漏电保护器就会切断潜水泵的电源。

68. 在配电室带电操作发生触电

2017 年 8 月 28 日 11 时 50 分左右，在乌鲁木齐市高新区一处住宅工程施工现场，新疆某电力设备安装工程有限公司（本案例简称电力设备安装公司）施工作业人员在配电室配电柜接线时发生一起触电事故，造成 1 人死亡，直接经济损失约 70 万元。

（1）事故相关情况

电力设备安装公司为有限责任公司（自然人独资），经营范围为水利水电工程、市政公用工程、输变电工程专业承包等。

（2）事故发生经过

2017 年 8 月 28 日 10 时 30 分左右，在住宅工程施工现场，电力设备安装公司工程部负责人张某某，安排潘某、刘某某、赵某某 3 人，去 20#楼四号配电室低压配电柜做人防工程线路的电缆头。该段电缆线已于 26 日被敷设进配电室的电缆沟里，当天潘某等 3 人的工作任务，就是把电缆从配电柜底部穿入，接在配电柜上。

在配电室作业时，潘某和赵某某在配电柜前面的电缆沟往配电柜底部穿入电缆，刘某某在配电柜后面往出拉。当天计划穿两根电缆，当时已穿出一根电缆。11 时 50 左右穿第二根电缆时，潘某喊刘某某向外拉电缆，刘某某没有任何反应。潘某发现情况不对，立刻将配电柜上所有的电源关掉，跑到配电柜后，发现刘某某面朝配电柜趴在已经被拉出的电缆线上。潘某把刘某某翻过来，发现刘某某头部正中有2~3 毫米的烧痕，嘴角有口水，有抽搐现象。潘某立即进行急救，同时赵某某打电话给张某某求救。1 分钟后张某某等人赶到，立即给刘某某进行人工呼吸，赵某某拨打了“120”急救电话。经现场急救后刘某某无反应，张某某组织人员用木板将其抬上车往医院送，大概于 12 时 20 分左右，在路上遇到“120”急救车辆，刘某某经“120”急救人员现场抢救无效后死亡。

（3）事故原因分析

1）直接原因

刘某某带电操作、违章操作造成触电，是导致事故发生的直接原因。

2）间接原因

①电力设备安装公司未建立健全生产安全事故隐患排查治理制度，没有定期进行隐患排查治理工作；未配备专职安全生产管理人员负责施工现场的安全管理工作。

②电力设备安装公司没有为带电作业的人员配备符合国家和行业标准的绝缘手套。

③电力设备安装公司安排未取得电工操作证的潘某、赵某某从事电力设备安装作业。

④电力设备安装公司法定代表人未建立完善本单位的安全生产规章制度和各岗位操作规程；未组织制定并实施本单位的生产安全事故应急救援预案。

⑤电力设备安装公司工程部负责人张某某，在当天安排工作时未对有关安全施工的技术要求向施工作业人员作出详细说明，并由双方签字确认；未对配电室作业照明条件是否符合要求进行确认并采取相

应的安全措施。

（4）事故教训和相关知识

在电缆敷设过程中，作业人员从配电柜底部穿入电缆，第一根电缆顺利穿入，穿第二根电缆时发生人员触电。据分析，作业人员向外拉动电缆过程中身体发生前倾，头部触碰配电柜里面的接线柱，导致触电。

事故企业应该按照建设工程施工现场供电用电安全规范的相关规定，在全部停电和部分停电的电气设备上工作时，应确保下列技术措施得到落实：

1）一次设备应完全停电，并应切断变压器和电压互感器二次侧开关或熔断器。

2）应在设备或线路上切断电源，并经验电确定无电后装设接地线，然后进行工作。

3）工作地点应悬挂“有人在此工作”警示牌，并应采取安全措施。

4）接引、拆除电源工作应由电工进行，并应设专人进行监护。

69. 更换空气开关作业未安排监护人操作失误发生触电

2016 年 12 月 31 日 9 时左右，河北省兴隆县某水泥制造有限公司（本案例简称水泥制造公司）制成车间 3 米磨机微机配电室停产整顿维修过程中发生触电事故，造成 1 人死亡，直接经济损失约 80 万元。

（1）事故相关情况

水泥制造公司下设原料车间、制成车间、包装车间、维修车间、化验室和配电室，有职工 80 人，大部分是当地农民工及下岗职工。

事发前，安监部门组织专家对该公司进行了检查，共查出 28 条问题，水泥制造公司对此制定了整改方案，针对厂区线路、配电设施存在问题较多的情况，生产副总经理李某某根据整改计划安排电工郭某某、张某具体负责电路整改。

（2）事故发生经过

2016 年 12 月 31 日 7 时 40 分，水泥制造公司电工郭某某、张某按公司整改工作安排换好工作服，各带一组人对石灰石提升机和熟料提升机电源进行整改。张某在制成车间 3 米磨机微机配电室外穿线，郭某某带着原料车间烘干工人高某某、上料工人关某某在制成车间 3 米磨机微机配电室内更换空气开关。

8 时 10 分，郭某某先将电源配电柜中总开关按钮按下进行断电，然后又将控制原料仓 1、2 号提升机的 2 个 100 安培空气开关拆下，换上一个 250 安培的空气开关安装在总开关的下方。关某某拿手电在配电柜前面给蹲在配电柜前面操作的郭某某照明和传递工具，高某某在配电柜后面协助郭某某拧螺栓。40 分钟后，郭某某说刚安装的空气开关螺栓不正，让高某某把下面的螺栓拧下来。高某某刚拧下螺栓，关某某发现郭某某突然坐在了地上，于是就喊："郭某某触电了。"

关某某发现郭某某触电后，喊来配电柜后面的高某某，高某某找来同班作业电工张某并拨打了"120"急救电话。张某进屋后将坐在地上、背靠墙的郭某某放平，进行了人工呼吸、胸外按压等急救措施。20 分钟左右，"120"救护车赶到，进行了 10 分钟急救后，将郭某某送到医院抢救。郭某某在医院急诊室被抢救大约 2 小时后死亡。

（3）事故原因分析

1）直接原因

电工郭某某在对制成车间 3 米磨机微机配电室的配电柜更换空气开关时未使用安全防护用具，更换完空气开关后发现空气开关安装位置不正，需要继续操作时，未及时二次断电，进行带电作业时，触电死亡。

2）间接原因

①企业从业人员安全生产意识淡薄，对停产整顿期间的安全管理工作未引起足够重视，停送电制度和电工操作规程未落到实处，未充分认识到作业岗位的危险有害因素，心存侥幸。

②企业组织机构设置不合理，生产副总经理李某某负责公司生产、安全和环保工作，同时兼任安环科科长，安全检查不能做到全覆盖。

③企业劳动组织不合理，当班作业未安排安全员跟班，同班作业人员未尽到提醒、互保的责任。

（4）事故教训和相关知识

这起事故的发生，与电工作业时未安排监护人进行监护有直接的关系。在更换空气开关作业时，两名其他作业人员协助照明和拧螺栓，更换完空气开关后发现空气开关安装位置不正，需要继续操作时，未及时二次断电，带电作业导致触电。

电工作业之所以需要安排监护人进行监护，就是为了预防此类错误操作，即预防作业中发生失误。电工作业监护人应具备下列条件：监护人的安全技术等级应高于操作人员，具有丰富的实际工作经验并熟悉现场及设备情况。

监护人的职责是保证作业人员在工作中的人身安全及操作正确，监护人注意事项如下：

1）部分停电时，监护所有作业人员的活动范围，使其与带电设备保持规定的安全距离。

2）带电作业时，监护所有作业人员的活动范围，使其与接地部分保持规定的安全距离。

3）监护所有作业人员的工具使用是否正确，工作位置是否安全以及操作方法是否正确等。

4）工作中监护人因故离开工作现场时，必须另指派了解有关安全措施的人员接替监护并告知作业人员，使监护工作不间断。

5）监护人发现作业人员中有不正确的动作或违反规程的做法时，应及时提出纠正，必要时可令其停止工作，并立即向上级报告。

6）所有作业人员（包括工作负责人）不准单独留在室内或室外高压设备区内，以免发生意外触电或电弧灼伤。

7）监护人应自始至终不间断地进行监护，在执行监护时，不应兼做其他工作。

70. 焊接作业人体触碰电焊机二次回路带电体发生触电坠落

2017 年 8 月 13 日 17 时左右，浙江某科技有限公司（本案例简称科技公司）在泰州职业技术学院“虚实结合”实体比例建筑模型采购项目建设过程中，发生一起人员触电事故，造成 1 人死亡，直接经济损失 128 万元。

（1）事故相关情况

科技公司经营范围包括建筑教学模型，计算机软件的设计、开发等。

事发前，泰州职业技术学院对“虚实结合”实体比例建筑模型采购项目进行招标，科技公司中标，随后，科技公司人员至泰州职业技术学院建筑工程学院实训中心进行安装施工。科技公司安装负责人卢某与蒲某签订合同，将实训中心西南侧建设三间二层的活动房建设项目分包给蒲某。

（2）事故发生经过

事发当日 7 时许，蒲某和其雇用的工人沈某等人把施工材料和电焊机、配电箱等工具搬运至泰州职业技术学院的建筑工程学院，由沈某焊接活动房的框架。17 时许，现场工人听到沈某呼喊一声“触电了”，接着就看见沈某从活动脚手架上摔落下来。

事故发生后，现场人员将沈某送往医院抢救，沈某经抢救无效死亡。

（3）事故原因分析

1）事故原因

沈某操作不慎，手臂裸露部位触碰电焊机的二次回路带电体，触电后从活动脚手架上坠落至地面。

2）间接原因

①沈某未持有焊接与热切割作业的特种作业操作证从事焊接作业，未使用劳动防护用品。

②蒲某雇用沈某从事焊接作业，未检查其特种作业操作证。

③科技公司将部分工程分包给自然人，未检查承包方特种作业人员资质，未承包方施工人员进行安全教育。

（4）事故教训和相关知识

这起事故的发生，原因是焊接人员操作时不慎，身体触碰到电焊机的二次回路带电体，触电后从活动脚手架上坠落至地面。

电焊机二次回路触电事故属于常见多发事故，其原因在于二次回路电压较低（空载电压一般为 50~90 伏特），人们对触电成因的认识不足，往往错误地认为电焊机二次回路是“安全”的，电焊机二次回路致人死亡的事故案例屡见不鲜。大量事故告诉我们，电焊机二次回路电压虽低却足以致命。

电焊机二次回路空载电压一般为 50~90 伏特，而安全电压最高等级为42伏特，空载电压高于安全电压，这是二次回路最主要的不安全因素。另外，一般电焊机引燃电弧后，维持电弧所需的工作电压为16~35伏特，虽然在安全电压范围内，但在不良的焊接环境下，如在金属结构、金属容器、管道内、水下、潮湿地点进行焊接时，如果焊工身体状况较差，人体电阻较低，也会造成触电，安全电压并不是绝对安全。

 71. 作业人员违反操作规程接线过程中带电作业发生触电

2016年8月21日15时左右，廊坊市广阳区新华广场7号楼地下室装修施工现场发生触电事故，造成1人死亡，直接经济损失约260万元。

（1）事故相关情况

廊坊市某建筑装饰有限公司（本案例简称建筑装饰公司）主要经营建筑装修设计和施工，有员工6人。

事发前，建筑装饰公司承揽了广阳区新华广场7号楼地下室的室内装饰装修工程，工程期限40天。

（2）事故发生经过

事发当日13时左右，建筑装饰公司员工张某某和张某到达施工地点进行接线安灯作业。15时30分左右，2人在接线安灯过程中，张某某让张某去开灯。开灯前，张某询问张某某是否可以开灯，在得到张某某同意开灯的指令后，张某打开开关，几秒钟后张某听见有声响，发现张某某从墙上掉下来侧躺在地上。

事故发生后，张某拨打了“120”急救电话，“120”急救人员到达事故现场后，对张某某进行抢救，张某某经抢救无效死亡。

(3) 事故原因分析

1) 直接原因

作业人员违反操作规程，在接线过程中带电作业不慎触电是本次事故发生的直接原因。

2) 间接原因

①安全管理不到位。建筑装饰公司未按照规定设置安全生产管理机构或配备安全管理人员；未能督促从业人员严格遵守安全管理制度和操作规程，对现场作业安全管理不到位。

②安全生产教育培训不到位。建筑装饰公司未按照国家有关规定对员工进行专门的安全教育培训，特种作业人员无证上岗，作业员工安全生产意识淡薄，不具备安全生产知识，不熟悉相关的安全生产规章制度和操作规程，对作业现场存在的危险性认识不足，违章作业。

③建筑装饰公司未为从业人员提供符合国家标准或行业标准的劳动防护用品，未能监督从业人员按照要求使用劳动防护用品。

(4) 事故教训和相关知识

在这起事故中，作业人员违反操作规程，在接线过程中带电作业，结果不慎触电。接线安灯作业应该是比较简单的作业，发生事故更深层次的原因，是作业人员无证上岗，安全生产意识淡薄，不具备安全生产知识，不熟悉相关的操作规程，对作业现场存在的危险性认识不足，违章作业。

建筑施工企业（包括装修企业）电工安全操作基本要求是：

1) 电工作业必须经专业安全技术培训，考试合格，持特种作业操作证方准上岗操作。非电工严禁进行电工作业。

2) 电工接受施工现场暂设电气安装任务后，必须认真领会、落实临时用电安全施工组织设计（施工方案）和安全技术措施交底的内容，施工用电线路架设必须按施工图规定进行，凡临时用电使用超过 6 个月（含 6 个月）的，应按正式线路架设。改变安全施工组织设计，必须经原审批单位领导同意签字，未经同意不得改变。

3）电工作业时，必须穿绝缘鞋、戴绝缘手套，不准酒后操作。

4）所有绝缘、检测工具应妥善保管，严禁他用，并应定期检查、校验。

5）电气设备的设置、安装、防护、使用、维修必须符合施工现场临时用电安全技术规范。

6）定期对临时用电工程的接地、设备绝缘和漏电保护开关进行检测、维修，发现隐患及时消除，并建立检测维修记录。

7）建筑工程竣工后，临时用电工程拆除，应按顺序先断电源后拆除，不得留有隐患。

72. 装修人员在棚顶整理线路触碰裸露电线导致触电

2017 年 5 月 11 日 16 时左右，青岛市某装饰材料有限公司（本案例简称装饰材料公司）市北区辽阳西路 100 号青岛新业广场内 F2-18 商铺发生一起触电事故，造成 1 人死亡。

（1）事故相关情况

装饰材料公司为新业广场 F2-18 商铺实际装修单位，无相关装修资质，主要经营家具、装饰材料、铝塑门窗，普通锯材、商场展柜展台加工，建筑装饰工程施工等。

2017 年 4 月 22 日，青岛某服饰有限公司与装饰材料公司签订了装修合同，需要装修的商铺为新业广场 F2-18 商铺，建筑面积为 61.5 平方米。

（2）事故发生经过

合同签订后，装饰材料公司负责人赵某甲将装修用的材料运进了新业广场 F2-18 商铺。赵某甲先后找来桂某某、张某某和赵某乙进场干活儿。除张某某负责刮泥子以外，桂某某和赵某乙的工作都由木工韦某某分配。韦某某使用棚顶照明灯接线盒作为临时施工电源。

事发当日下午，韦某某带领张某某、桂某某和赵某乙在新业广场 F2-18 商铺进行装修作业，桂某某被安排贴次瓷砖，张某某负责刮泥子，赵某乙负责打孔，韦某某在棚顶整理电线。16 时左右，装修现场的灯突然熄灭，张某某、桂某某和赵某乙均听见在棚顶作业的韦某某大叫一声，赵某乙爬上棚顶，发现韦某某躺在棚顶上。3 人随即拨打"120""119"电话，救援人员到达后，将韦某某送往医院抢救，韦某某经抢救无效死亡。

（3）事故原因分析

1）直接原因

韦某某在棚顶带电整理线路，触碰裸露电线，导致触电身亡。

2）间接原因

①装修现场负责人及木工韦某某违反规定，未持有特种作业操作证擅自违章进行电工作业，违章使用棚顶照明灯接线盒作为临时施工电源，使导线裸露。

②装饰材料公司未取得相关装修资质，现场安全管理混乱，电工作业时无安全防护措施，安全培训教育、隐患排查不到位。

③装饰材料公司作为新业广场 F2-18 商铺实际装修单位，未落实企业主体责任，未制定施工现场安全管理制度和操作规程。公司未按规定对韦某某上岗前进行安全教育培训，导致韦某某安全意识淡薄，擅自进行电工作业。

④装饰材料公司法定代表人赵某甲未履行法定安全生产职责，未制定岗位安全生产责任制，未制定岗位操作规程，未督促、检查本单位所负责装修工程的安全生产工作，未认真组织开展隐患排查工作，

造成未及时发现并制止和纠正现场装修人员违章作业的行为，导致事故发生。

（4）事故教训和相关知识

事故之后，经现场勘查，事发棚顶只有一个出入口，上下不畅通，无照明，工作场所狭窄。棚顶照明灯接线盒、照明灯具金属外壳未连接保护接地线，无漏电保护装置。经调查，事发时现场无监护人员，也无相应的安全警示标识及安全措施。因此，这起事故被认定为是一起因违章作业、安全管理不到位、安全培训教育和隐患排查不到位导致事故发生的生产安全责任事故。

为了防范此类事故再次发生，相关企业要吸取事故教训，要加强安全管理，全面履行安全生产主体责任，加大生产安全事故隐患排查治理工作，及时发现并消除事故隐患，要举一反三，严格落实安全生产法律、法规和标准规范。要加强对从业人员的安全生产教育和培训，保证从业人员具备必要的安全生产知识。特种作业人员必须按照国家有关规定经专门的安全作业培训，取得相应资格，方可上岗作业。要加强装修现场安全生产的统一协调管理，落实对遵守安全生产规章制度、操作规程情况的监督检查，严禁违章作业、不安全作业的存在。

73. 维修电源插座未将配电盘电源开关断开引发触电

2016 年 7 月 28 日 7 时 50 分左右，山东某建设集团有限公司（本案例简称建设集团）在董家口港内青岛某罐区 302 号罐内发生一起触电死亡事故，造成 1 人死亡，直接经济损失约 150 万元。

（1）事故相关情况

建设集团主要经营防腐保温工程、房屋建筑工程、市政公用工程、钢结构安装工程、建筑装修装饰工程等，有职工约 4 000 人。

事发前，青岛某仓储有限公司油品罐区二期工程发包给公司甲，公司甲与公司乙达成协议，将 12 台 10 万立方米和 3 台 2 万立方米原油储罐防腐保温工程分包给公司乙。公司乙与建设集团签订合同，合同规定建设集团为公司乙所承包项目提供劳务服务。

（2）事故发生经过

2016 年 7 月 26 日，建设集团负责人蔚某某任命柳某某为班长，负责 302 号、303 号、304 号、403 号罐的防腐保温工程的质量和安全，302 号罐施工人员有刘某、张某某、孙某甲、孙某乙、孙某丙、修某某、王某某 7 人。

7 月 27 日上午在工地会议室，公司甲对 302 号罐施工人员进行培训，16 时左右孙某乙、刘某等 6 人到 302 号罐熟悉作业环境，刘某自行通过 302 号罐外部配电箱将电源线接到罐内配电盘上，将从隔壁借来的两个打磨机（打磨机没有插头）的两股线接到罐内配电盘上进行测试，当时机器正常通电。

7 月 28 日 6 时 30 分左右，班长柳某某通知工人刘某、张某某、孙某甲、孙某乙、孙某丙、修某某、王某某 7 人到 302 号罐进行罐内防腐除锈工作，班长柳某某安排大家检查各自的机器，安排刘某检查工人施工质量情况及负责其他管理工作，柳某某去办理 302 号罐作业票。

7 时左右，孙某乙和孙某丙两人在罐口南侧、修某某和王某某两人在孙某乙左侧 10 米处、张某某和孙某甲在罐口北侧做准备工作，刘某将 3 个插座的电源线接到罐内配电盘上为以上三组工人的磨光机供电。

7 时 30 分左右，孙某乙的磨光机断电了，然后刘某便开始检查线路查找原因。7 时 50 分左右，孙某甲听到刘某说，找到原因了，是插座接触不好。刘某在未戴绝缘手套的情况下手持长约 20 厘米的旋具开始维修插座，刘某的旋具刚接触到插座，就大叫了一声，头朝西、脚朝东躺在地上不动了。孙某乙赶紧去拉闸断电，孙某甲上前晃动刘某，并拨打了“120”急救电话。柳某某在办理作业票的途中接到孙某乙电话说 302 号罐内出事了，随即赶往现场并电话通知了蔚某某。蔚某某和公司乙安全员牛某某到达事故现场后，指挥进行急救，8 时 30 时左右“120”急救车赶到现场，现场人员用担架将刘某抬出罐，刘某经医生抢救无效死亡。

（3）事故原因分析

1）直接原因

①刘某在维修电源插座时未将配电盘内电源开关断开，也未采取其他安全措施，刘某违章作业是事故发生的直接原因。

②刘某由 302 号罐外配电箱向罐内配电盘连接线路时，未采取接零保护措施，导致用电设备漏电时没有接零保护措施是事故发生的另一直接原因。

2）间接原因

①建设集团未认真落实企业安全生产主体责任，在未取得 302 号罐有限空间作业票的情况下，项目负责人蔚某某擅自安排作业。

②建设集团人员在进行罐内作业时，作业现场无现场监护人，未对现场安全措施落实情况进行检查。

③建设集团对安全生产隐患排查不细致、不认真，对刘某的违章行为未及时发现并制止。

④建设集团未对从业人员进行班组安全生产教育和培训。

（4）事故教训和相关知识

在这起事故中，发生人员触电事故有两个相关联的原因，一个是作业人员在维修电源插座时未将配电盘内电源开关断开，另一个是由

302 号罐外配电箱向罐内配电盘连接线路时，未采取接零保护措施，导致用电设备漏电时没有接零安全保护措施。除此之外，还有一个原因不可忽视，那就是借来的两个打磨机没有插头，只能采取往插座孔里直接插线的方式进行连接，这样的连接方式非常不牢固，常常会因接触不良导致打磨机断电。

在建筑施工中，配电箱根据其用途和功能的不同，一般可分为三级，即总配电箱（又称固定式配电箱）、分配电箱（又称移动式配电箱）、开关箱。开关箱是直接控制用电设备的。按照规定，开关箱与所控制的固定式用电设备的水平距离不得大于 3 米，与分配电箱的距离不得大于 30 米。开关箱内应安装漏电保护开关、熔断器及插座。每台用电设备应有专用的开关箱，必须实行"一机一闸一漏一箱"制，严禁同一个开关箱直接控制二台及二台以上用电设备（含插座）。

74. 未戴绝缘手套违章带电操作导致触电

2017 年 6 月 22 日 1 时 15 分左右，湖南某电气有限公司（本案例简称电气公司）三相表车间发生一起触电事故，造成 1 人死亡，直接经济损失 109. 115 万元。

（1）事故相关情况

电气公司经营范围为输配电及控制设备、中低压电气成套设备生产。

（2）事故发生经过

2017 年 6 月 21 日 20 时 30 分，电气公司检验员李某上班后，进行断路器的检验工作。22 日 1 时 2 分，李某开始对断路器进行自动校表，于 1 时 12 分 29 秒完成。因自动校表未通过，李某于 1 时 15

分 28 秒开始对该产品进行手动校表，于 1 时 15 分 49 秒完成。手动校表完成后，李某在未关闭电源且未戴绝缘手套的情况下，对产品进行拆线。因没有固定断路器的工具，李某左手抓住电线，右手用六角扳手拆卸电线的固定螺栓，在操作的过程中左手触碰到一相电线的裸露部分引起触电。触电后，李某向后倒地，检验装置与断路器的两根电源线也因其拉扯而断裂，六角扳手掉落在地上。

李某触电倒地后，在对面检验装置工作的作业人员马某某听到异响，跑到李某所处的试验台，马上关掉检验装置上的旋钮电源开关，并询问李某的状况。李某自行坐了起来，摇了摇头。马某某立即通知了值班领导，又让其他同事拔掉检验装置的总电源。约 1 分钟后，晚班负责人刘某某、车间主管何某某、安保副队长彭某某等人赶到事故现场，立即对李某进行了心肺复苏及人工呼吸等抢救措施，并拨打了“120”急救电话。医院的救护人员迅速赶到事故现场，简单询问情况后，将李某抬上救护车送至医院抢救。6 月 22 日 2 时 30 分，李某经抢救无效死亡，死亡原因为电击心源性猝死。

（3）事故原因分析

1）直接原因

检验员李某在非专用检验断路器的装置上进行断路器的检验，手动校表结束后未按操作规程要求对台体进行断电处理，在未戴绝缘手套的情况下违章带电操作，导致触电事故发生。

2）间接原因

①电气公司未设置专门的安全生产管理机构，未配备专职安全生产管理人员。

②电气公司对现场作业人员的违章作业行为纠正不力。

（4）事故教训和相关知识

事故之后，通过现场勘查、综合调查、测试分析，调查组认为这起事故是物的不安全状态与人的不安全行为相结合导致的。

物的不安全状态。电气公司使用某电力仪表公司的电能表检验装置来检验断路器，存在以下安全隐患：一是没有用于检验断路器的专用工具，断路器无法被固定，人工接线操作繁杂且不安全、不方便，容易引发触电；二是该检验装置手动校表结束后不能自动断电。

人的不安全行为。一是在手动校表结束后，未按操作规程要求对台体进行断电处理，工人带电操作；二是在断路器拆线过程中未按操作规程要求戴绝缘手套。

对这起事故，事故企业要认真吸取事故教训，要对检验装置平台装设防误操作触电保护装置，增加工作区域地面绝缘垫覆盖面积，定期检测台体的接地电阻状态，确保接地电阻符合要求；针对不同型号的产品，安装配套工具，检测时能将被检测产品固定可靠，无裸露的带电部分，确保人和物的安全。公司要加大员工安全生产教育和培训工作力度，切实提高员工安全生产意识，督促员工熟练掌握安全生产岗位技能，严格遵守有关操作规程，预防生产安全事故的发生。

75. 多用插座电源线破损与铁梯接触漏电导致触电

2018 年 7 月 29 日 16 时左右，在常州市新北区三井街道中心幼儿园二园区安全技术防范工程项目施工现场，1 名作业人员在安装监控设备打孔时触电从梯子上摔落，随即被送往医院抢救，经抢救无效于当日死亡。

（1）事故相关情况

常州某电子安防技术有限公司（本案例简称电子安防公司）经营范围包括建筑智能化系统工程、电子工程的设计、施工、维护等。事发前，电子安防公司中标常州市新北区三井街道中心幼儿园安全技术防范工程项目。

（2）事故发生经过

7 月 19 日，三井街道建设管理站组织召开三井中心幼儿园项目施工会议，安排项目施工相关工作，并通知电子安防公司的代理人周某参加会议。当天参会人员建立了“三井幼儿园项目”微信群用于沟通工程项目相关事项。

7 月 22 日 17 时 51 分，三井幼儿园会计刘某在微信群里通知，23 日施工单位可以进场施工作业了。7 月 25 日 14 时 44 分，刘某在微信群通知施工单位可以签合同了。7 月 26 日 12 时 17 分，周某在微信群里发消息“今天材料进场，明天开始施工”。26 日下午，周某安排送材料进场。27 日上午，周某安排张某、沈某某夫妻二人进场施工作业，从幼儿园一楼开始做弱电线缆桥架。28 日和 29 日，张某夫妻二人继续施工作业。29 日 16 时左右，张某在幼儿园二楼人字形铁梯上用电锤进行打孔作业，沈某某在一旁辅助。张某突然“啊”了一声，沈某某赶紧去接过张某手中的电锤，当沈某某碰到张某的手时有被电到的感觉，于是她立即丢下电锤跑去把电源开关拉掉，然后听到“扑通”一声，发现张某从铁梯上掉了下来，面朝下趴在二楼地面上。

事故发生后，沈某某立即大声呼救，在一楼进行教室改造作业的工人张某某及一名工友立即赶到现场，把张某翻过身来并进行心肺复苏。张某某随后拨打“120”急救电话并到幼儿园门口等待救护车到来，沈某某拨打“110”电话进行了报警。约 15 分钟后，救护车赶到现场，将张某送往医院进行抢救，张某经抢救无效于当日死亡。

（3）事故原因分析

1）直接原因

①张某安全意识淡薄，没有认识到作业中存在的风险因素，自己

不具备电工作业资质能力，私自不规范接线，临时用电无漏电保护措施。

②张某作业中使用的多用插座电源线破损，打孔作业中电源线破损处线芯与铁梯接触导致漏电。

2）间接原因

①电子安防公司组织人员进行施工作业时，未对作业人员进行安全生产教育培训，以保证作业人员具备必要的安全生产知识，掌握本岗位的安全操作技能。

②电子安防公司未督促、检查施工作业现场的安全生产工作，未及时消除生产安全事故隐患。

③三井幼儿园对工程项目施工缺乏管理。至事故发生时，三井幼儿园在尚未向中标单位送达中标通知书、未与施工方签订任何施工合同、未签订安全协议明确双方安全生产管理职责的情况下便允许施工人员进场作业，且对作业过程缺乏安全管理。

（4）事故教训和相关知识

在这起事故中，导致人员触电的原因有两个：一个是插座电源线破损与铁梯接触导致漏电；另一个是不规范接线导致临时用电无漏电保护措施。两个原因中更应引起重视的是前一个，即电源线破损，因为由于电源线破损造成的人员触电事故非常多，要引起相关单位的高度重视。

76. 将接地开关断开失去接地保护引发感应电压触电

2016 年 4 月 1 日 11 时 30 分左右，某电力有限公司唐山供电公司（本案例简称供电公司）发生一起触电事故，造成 1 人死亡，直接经济损失 70 万元。

（1）事故相关情况

供电公司有员工 2 587 名，其中专职安全管理人员 186 名，经营项目为电力供应，输配电工程建设，电力设备的运行、维修、技术咨询、技术服务。

（2）事故发生经过

按照供电公司停电检修计划安排，变电检修室主任肖某某和副主任张某某于 3 月 31 日下午组织召开了变电设备设施检修工作部署会议，会议确定变电检修三班在 4 月 1 日对 220 千伏罗屯变电站 113-2 开关进行检修，检修人员为变电检修三班技术负责人芮某以及检修工陈某某、陈某和孟某某，其中芮某为工作现场负责人（监护人）。

4 月 1 日 7 时左右，供电公司 220 千伏罗屯变电站 110 千伏兴东二线 113 线路断电停止运行。9 时左右，供电公司迁西基地站运行维护人员王某组织相关人员按照 113-2 开关变电检修作业票要求，执行了现场安全措施，包括拉开 113-2 开关，合上 113-17 接地开关，悬挂标示牌和装设遮拦等。10 时 30 分左右，芮某收到变电检修作业票后，便会同王某对已执行的安全措施进行确认，经确认安全措施执行到位，并确认兴东二线 113 线路 113-2 开关处与大地之间的电位差为 0，按照规定可以在 113-2 开关处进行工作。

11 时左右，芮某向陈某某、陈某和孟某某告知了 113-2 开关检修工作的安全措施、风险因素以及控制措施，并由陈某某、陈某和孟某某在变电检修作业票和风险事件与控制措施单上签字确认，随后芮某布置工作任务，芮某负责检修工作监护，陈某某和陈某负责对 113-2 开关连杆轴销进行加油、检查，孟某某负责对 113-2 开关架构进行清扫。

11 时 30 分左右，陈某某在 113-2 开关引线 A 相线路侧给连杆轴销加油，陈某在 113-2 开关引线 B 相线路侧给连杆轴销加油，陈某某未经工作负责人（监护人）芮某同意，自行将 113-2 开关引线 A 相线路侧接线板拆开，致使 A 相线路与 113-17 接地开关断开，失去接地保护。因与兴东二线同杆并架的 110 千伏兴东一线处于正常运行状态，其周围存在着电场，处在此电场内并失去接地保护的兴东二线 113-2 开关引线 A 相线路因静电感应作用而产生了感应电压，此感应电压通过陈某某身体对地放电，导致陈某某触电受伤。

事故发生后，工作负责人（监护人）芮某会同现场其他人员立即对陈某某进行现场急救，并向变电检修室三班班长孙某某报告了事故情况，同时拨打了“120”急救电话。12 时左右，“120”急救人员赶到事故现场，随即将陈某某送往医院进行救治。17 时 10 分左右，陈某某经抢救无效死亡。

（3）事故原因分析

1）直接原因

陈某某违反安全操作规程的规定，未经工作负责人（监护人）芮某同意，自行将 113-2 开关引线 A 相线路侧接线板拆开，致使 A 相线路与 113-17 接地开关断开，失去接地保护，其产生的感应电压通过陈某某身体对地放电，导致陈某某触电受伤。

2）间接原因

①供电公司工作现场监护不到位。工作负责人（监护人）芮某违反了相关规定，未认真履行监护职责，督促、监护陈某某执行现场安全措施和技术措施不到位，未及时发现并纠正陈某某自行将 113-2 开关引线 A 相线路侧接线板拆开的行为。

②供电公司安全管理不到位。供电公司违反了相关规定，对检修作业现场的安全管理不到位，以致未及时发现并纠正现场作业人员违章作业的行为。

③供电公司安全教育培训不到位。供电公司违反相关规定，对现

场作业人员进行安全生产教育和培训不到位，以致现场作业人员安全意识淡薄，对违章作业的危险性认识不足，自我防范意识不强，作业时未严格执行安全操作规程。

（4）事故教训和相关知识

电力系统的输电线路和电气设备工作时，由于电流不断变化，会在其周围产生变化的磁场，变化的磁场遇到导体，会感应出电动势，这种产生电动势的过程叫电磁感应。电磁感应或静电感应在靠近电力线路和电气设备附近导体上产生的电压称为感应电压。感应电压在形成导电回路时会对人员造成伤害；未形成导电回路，则存在安全隐患。

在这起事故中，作业人员违反安全操作规程的规定，未经工作负责人（监护人）同意，自行将 113-2 开关引线 A 相线路侧接线板拆开，致使 A 相线路与 113-17 接地开关断开，失去接地保护，其产生的感应电压通过人的身体对地放电，导致人员触电受伤。

事故企业要加强对现场作业人员的安全教育和培训力度，切实增强现场作业人员的安全意识，保证现场作业人员具备必要的安全生产知识，掌握有关的安全生产规章制度和安全操作规程，并督促现场作业人员在作业时严格遵守安全生产规章制度和安全操作规程。此外，对于从事与电相关作业的人员，自己也要努力学习，多了解和掌握相关知识，这样才能避免因缺乏知识导致的伤害事故。

77. 违规带电作业手臂与相邻带电导线接触发生触电

2013 年 7 月 17 日 7 时左右，滁州某电力工程有限公司下属滁州某配电工程有限公司（本案例简称配电公司）配电三队职工吕某某，在对紫薇小区低压用户线路进行施工时，不慎触电死亡。

（1）事故相关情况

配电公司经营范围包括承接送变电工程、电力供应延伸服务、电器维修服务等。

（2）事故发生经过

2013 年 7 月 16 日下午，配电公司下属配电三队职工吕某某私下找到配电三队副队长刘某某，说一个住紫薇小区的朋友家电压低，末端线路老化，能否一起帮忙更换处理。刘某某答复说可以，不向队长报告了，第二天早晨他们几个人去处理。

7 月 17 日 6 时 30 分左右，在未向上级报告的情况下，刘某某私自带领吕某某、卢某、熊某某来到紫薇小区，对低压用户线路进行施工。到达现场后，刘某某安排吕某某在末端电杆上进行低压带电接线，他负责工作现场监护，安排卢某、熊某某负责电表箱接线。当吕某某在杆上进行外侧边相带电接线时，手臂不慎与相邻带电导线接触，因夏季高温人体大量出汗，工作服潮湿下垂且导电，造成吕某某触电。

地面监护人员刘某某发现后，立即拉动吕某某安全带的吊绳，使其脱离电源，之后安排职工卢某、熊某某上杆将吕某某救下并进行现场急救。在开展心肺复苏和人工呼吸急救的同时，刘某某联系了“120”急救中心。8 时 40 分左右，吕某某逐渐恢复生命体征。随后，到达现场的“120”医生将吕某某送往医院进行抢救。9 时 35 分左右，吕某某经抢救无效死亡。

（3）事故原因分析

1）直接原因

吕某某在外侧边相接线时安全意识不强，违规带电作业，麻痹大意，手臂与相邻带电导线接触，因夏季高温人体大量出汗，工作服潮湿而形成导电回路，造成触电事故。

2）间接原因

①配电公司安全生产主体责任不落实，安全管理严重缺失。配电三队在未向上级请示报告的情况下，违反公司规定，私自外出对小区低压用户线路进行施工。

②配电公司各项制度、规定落实不严，对外出施工监督不到位。

③配电公司安全教育培训不到位，员工安全意识不强。

（4）事故教训和相关知识

触电事故的季节性明显，统计资料表明，一般每年以二、三季度事故较多，其中 6~9 月最为集中。这两个季节天气炎热，作业人员经常不穿戴工作服和绝缘护具，人体由于出汗皮肤电阻降低容易导电，容易发生触电事故。另外，夏季天气潮湿、多雨，降低了电气设备的绝缘性能，暴雨、台风等自然灾害频发，极易导致电杆倒杆、断线等事故的发生，从而诱发触电事故。

这起事故被认定为是一起因公司安全教育培训不到位，员工安全意识淡薄、违规操作，安全管理严重缺失所造成的生产安全责任事故。这起事故，暴露出事故企业安全隐患排查不到位、安全责任落实不到位等突出问题，教训极为深刻。企业要深化安全大检查，及时发现并消除各类安全隐患；要加强各类危险源、危险点的安全监控管理，合理组织好生产，预防和消除各种危险因素。企业要强化安全生产宣传教育培训，着力提高从业人员安全意识和自我防范能力。企业要加强对违章指挥、违规操作、违反劳动纪律行为的处罚，加强施工现场管理，要将作业安全注意事项、防范和监护措施作为首要内容进行布置并落实到人。

78. 没有与带电部位保持足够的安全距离使人员触电

2009 年 6 月 25 日，辽宁省某供电公司（本案例简称供电公司）

送电工区带电班在66千伏木瓦线56号塔进行安装防绕击避雷针作业时，一名作业人员擅自登塔，导致发生A相引流线对人体放电，由19米高处坠落地面，经抢救无效死亡。

（1）事故相关情况

供电公司有员工4 184人，下辖多个供电分公司，经营区域覆盖朝阳市全境。

（2）事故发生经过

供电公司为降低线路雷击跳闸率，采取在输电线路上安装防绕击避雷针的措施，并制定了安装防绕击避雷针安全技术组织措施，按要求组织施工。

2009年6月25日8时，王某签发了带电作业票，工作内容为在66千伏木瓦线53号至59号、72号至77号塔及架空地线上安装防绕击避雷针。当日工作地点为66千伏木瓦线56号塔，计划工作时间为当日8时30分~18时0分，实际开工时间为11时10分。工作负责人为杨某某（带电班班长），工作班成员有郑某某、陈某某等8人。

10时30分，班组人员到达作业现场。工作负责人杨某某宣读作业票、布置工作任务及本项目安全措施后，11时10分工作班成员开始作业。

按照工作分工，工作负责人杨某某负责监护，郑某某、陈某某负责塔上安装防绕击避雷针，其他6名工作班成员负责地面配合工作，王某受工区领导指派检查、指导现场作业。

11时15分，郑某某、陈某某二人在安装防绕击避雷针过程中，由于安装机出现异常，安装工作不能正常进行，工作负责人杨某某在指定作业票签发人王某作为临时监护人后，登塔查看安装机异常原因，在对安装机调试时，突然听见放电声，看见作业票签发人王某由56号塔高处坠落至地面，经抢救无效死亡。

（3）事故原因分析

1）直接原因

王某作为非工作班成员擅自登塔且没有与带电部位保持足够的安全距离，属于严重违章，是造成本次事故的直接原因。

2）间接原因

①工作负责人杨某某脱离监护岗位，擅自登塔作业，没有履行监护责任，使作业失去监护。

②工作班成员安全意识、责任心不强，没有制止现场非工作班成员登塔的违章行为。

（4）事故教训和相关知识

对这起人员触电坠落事故，事故企业应认真吸取事故教训，要提高培训的针对性和实效性，不断强化各级人员特别是现场作业人员的安全意识和业务素质。此外，在技术措施上，对攀爬中易发生人身触电的杆塔，施工作业前应加装临时阻挡装置及警示标识。

79. 在不了解高压配电室的情况下擅自进入导致触电

2017 年 7 月 28 日 10 时 30 分许，霸州市某水利工程有限公司（本案例简称水利工程公司）在霸州市输水管道支线工程泵站进行拔草、清理卫生等工作时，副经理刘某某擅自进入高压配电室，发生触电事故死亡，直接经济损失约 160 万元。

（1）事故相关情况

水利工程公司经营范围包括水利工程，销售帐篷、金属管件、塑料管件、水泵、机电产品、五金工具等。公司有员工 16 人。

事发前，水利工程公司通过竞标，被授权代管南水北调配套工程霸州市输水管线泵站。

（2）事故发生经过

2017 年 7 月 28 日 7 时 30 分许，水利工程公司副经理刘某某带领张某、张某甲、张某乙、辛某某 4 名职工到霸州输水管线支线工程泵站进行拔草、清理卫生等工作，准备迎接检查组的检查验收。10 时 30 分许，张某等 4 人拔完门口西侧的杂草后，长时间未看见刘某某，就四处寻找，最后在高压配电室 3#变压器处发现刘某某，其身体趴在变压器上，腿部有电击伤，并有大量出血。

现场员工张某立即打电话通知公司经理吴某某，告诉他出事了，吴某某立即电话报告国网冀北电力有限公司霸州市供电分公司，要供电分公司派人去现场断电，同时吴某某等人也去了事故现场。现场另一名员工张某甲拨打“120”急救电话。供电分公司电工张某丙赶到现场将配电室断电后，张某等人将刘某某抬下来，由“120”救护车送往医院进行抢救，大约 40 分钟后，刘某某经抢救无效死亡。

（3）事故原因分析

1）直接原因

刘某某未遵守相关规定要求，在不了解高压配电室的情况下，擅自进入高压配电室造成触电。

2）间接原因

①刘某某未按照安全生产法律法规的要求履行自己的安全职责，违反用电操作规程，进入用电现场未使用劳动防护用品。

②水利工程公司主要负责人吴某某未按照安全生产法律法规的要求履行自己的安全职责，未组织员工开展针对该泵站的专项安全教育培训。

③水利工程公司安全管理不到位，在代管泵站期间未制定高压用电操作规程，对电气装置未设专人负责管理。

（4）事故教训和相关知识

在这起事故中，公司副经理在不了解高压配电室的情况下，擅自进入，结果造成触电。配电站是接受、变换和分配电能的设施，是供电动力枢纽。配电站一旦发生事故必将带来重大损失。配电站装有大量高压设备和低压设备，而且密集度很高，安全问题比较特殊，保证配电站的安全运行是十分重要的。在不了解情况时不能擅自进入配电站，这既是保证设备、设施安全运行的规定，也是预防人员发生触电事故的措施。

 80. 作业人员违规将网线抛搭在高压线上引发触电

2017 年 2 月 22 日 9 时 50 分左右，宿迁市洋河镇某村蔡庄组发生一起触电事故，该事故致 1 人死亡，直接经济损失约 145 万元。

（1）事故相关情况

南京某通信工程有限公司（本案例简称通信工程公司）经营范围为通信工程设计、施工、维护；监控工程的设计、安装、技术咨询、技术服务；通信设备、电力设备、智能化设备的销售；机械设备租赁。

2016 年 9 月 30 日，中移铁通有限公司江苏分公司与通信工程公司签订协议，约定由通信工程公司为中移铁通有限公司江苏分公司提供江苏省范围内的网络维护服务（即相关网络设备的安装维护服务）。

2017 年 2 月 21 日，通信工程公司宿迁事业部接到洋河镇某村蔡庄组用户丁某某报修电话，反映自己家中宽带网线断了，通信工程公司安排公司安装维护人员李某负责进行维修。报修当天，李某和丁某某进行了沟通，约定 2 月 22 日到丁某某家中进行维修。

（2）事故发生经过

丁某某家门前上方架设有10千伏高压线。

2月22日9时左右，李某到达丁某某家进行宽带维修。李某站在前屋顶上，将网线抛掷过输电线路，搭在电线杆上层横担南侧的10千伏高压线上。9时50分左右，李某走到丁某某家西侧邻居家门口，在向南侧拖拽网线的过程中，遭受电击倒地。

事故发生后，现场人员立即拨打了“120”急救电话，医护人员到达后对李某进行了现场救治，并将其送往医院，李某经抢救无效死亡。

（3）事故原因分析

1）直接原因

作业人员违规将网线抛搭在高压线上，是事故发生的直接原因。

2）间接原因

①通信工程公司对从业人员安全生产教育和培训不到位，未能保证安装维护人员具备必要的安全生产知识、熟悉本单位的安全生产规章制度和安全操作规程。

②通信工程公司未能有效督促从业人员严格执行单位的安全生产规章制度和安全操作规程。

③通信工程公司安全生产工作管理不到位，未能采取有效技术、管理措施及时发现并消除作业现场存在的事故隐患，致使从业人员临近高压输电线路作业时违反规定将网线抛搭在高压线上。

（4）事故教训和相关知识

按照通信工程公司安装维护人员施工安全操作规范要求：“跨越电力线架设线条时，严禁将线条从电力线上方抛过。”通信工程公司安装维护人员安全管理规范要求：“在电力线下面或附近放线时，必须严防与电力线接触。”“电力线与通信线触碰或电力线落在地上时，应立即停止一切有关作业，禁止一切人员入内，指定专人负责排除事故。”安装维护人员李某，在作业过程中违反公司上述安全操作规程规定，导致事故发生。

这起事故的发生源于作业人员所犯的低级错误。触碰高压线或者接近高压线，会造成人员触电事故，这属于常识。网络所使用的线条并不是绝缘体，将网线抛搭在高压线上会导致触电后果，这是毫无疑问的，而这些常识性的知识却被作业人员忽略了。故此，通信工程公司应从这起事故中吸取深刻的教训，要强化落实安全生产主体责任，加强对从业人员的安全生产教育和培训，保证从业人员具备必要的安全生产知识，熟悉有关的安全生产规章制度和操作规程；要加强作业现场组织管理，认真检查单位安全生产工作，督促从业人员严格执行单位的安全生产规章制度和操作规程，及时发现并消除事故隐患。

81. 洗浴中心桑拿间电加热炉电线接线错误导致火灾

2017 年 12 月 10 日 13 时 51 分，邯郸市永年区大北汪镇某洗浴中心（本案例简称洗浴中心）发生一起火灾引起的一氧化碳中毒窒息事故，造成 6 人死亡。

（1）事故相关情况

洗浴中心位于永年区大北汪镇，建筑面积约 600 平方米，为地上三层砖混结构，一层洗浴，二层和三层住宿（未营业）。

（2）事故发生经过

2017 年 12 月 9 日下午，洗浴中心实际经营人安某某，让勤杂人员王某某对洗浴中心桑拿间电加热炉进行安装，王某某在安装过程中，将原本应接在电路板下方的 3 根火线中的一根错接到了电路板上方的零线上；原本应接在电路板上方的零线，错接到了电路板下方的火线上。在简单通电测试约两分钟后，便交由洗浴中心准备使用。

12 月 10 日 13 时 40 分左右，大堂经理李某甲在没有对该电加热炉安全性进行检测的情况下，要求服务员陈某某打开电加热炉开关直接使用，陈某某在打开电加热炉后就自行离开，约 10 分钟左右电加热炉起火燃烧。前台收银员李某乙从陈某某处得知女宾部桑拿房着火后，进入女宾部内，在明知现场有人被困的情况下，未采取救援措施，直至火势增大后，利用熟悉现场环境的便利独自逃离现场。该起火灾过火面积约 10 平方米，起火点位于洗浴中心女宾部桑拿房内的电加热炉。

事故发生后，现场洗浴中心工作人员和现场群众一起，先后将被困的 6 人救出，并立即送往医院抢救。14 时 28 分，消防人员接到报警后，出动 2 部消防车、16 名消防人员赶到现场灭火救援，15 时 30 分将火扑灭。事故共造成 6 人死亡。

（3）事故原因分析

1）直接原因

桑拿间电加热炉炉丝温度异常升高，引燃炉口水桶等塑料物品蔓延成灾，产生大量的一氧化碳气体导致人员窒息死亡。

2）间接原因

①业主安全意识淡薄。重经营、轻安全，思想麻痹、心存侥幸，安全投入和人员培训不足，安全管理缺失。

②从事电工作业人员未经专业培训，不具备相应上岗资质，错接电器线路，引发安全事故。公司对有关部门日常检查发现的安全隐患不整改、不理会，安全隐患不能及时被消除。

③消费者缺乏火灾逃生常识，不懂得火灾安全知识，自救能力不足，面对突发火灾时不会自救，错失逃生机会。

（4）事故教训和相关知识

电气线路起火经常会引发严重的火灾，造成群死群伤事故。电气线路起火的原因，主要有短路、过载、超负荷运行、线路老化、外部维护保养人员留下安全隐患等。这起事故是由于接线错误引发的火灾，实在比较少见。需要注意的是，电工属于特种作业人员，必须经过专业培训并考试合格取得操作证书后，才能上岗操作，非电工严禁进行电气作业。

要预防电气事故，要注意以下几点：

1）合理布置电线。合理、规范的布线，既美观又安全，能有效防止短路等故障的发生。如果电线明敷时，要防止绝缘层受损，可以选用质量好的电线或将电线穿阻燃 PVC 塑料管保护。电线通过可燃装饰物表面时要穿轻质阻燃套，有吊顶的房间吊顶内的电线应采用金属管或阻燃 PVC 塑料管保护。

2）正确使用电器。电器一般不要频繁地开关机，使用完毕后不仅要将其本身的开关关闭，还应将电源插头拔下，有条件的最好安装单独的空气开关。对一些电容器耐压值不够的电器，因发热受潮就会发生电容被击穿而导致烧毁的现象，如果发现电器温度异常，应断电检查，排除故障，并宜在线路中增设稳压装置。

3）合理安装配电盘。要将配电盘安装在安全的地方，配电盘下面切勿堆放易燃、可燃物品，防止熔丝熔化后炽热的熔珠掉落将物品引燃。熔丝的选用要根据最大用电量确定，不可随意更换熔丝或用铜丝、铁丝、铝丝代替熔丝。有条件的应安装漏电保护装置，当用电量超负荷或发生人员触电等事故时，漏电保护装置可以及时触发并切断电流。

班组应对措施和讨论

触电事故可分为接触触电事故和非接触触电事故。接触触电事故是当人体触及带电体且形成回路时，有电流通过人体造成的伤害事故；非接触触电事故是当人体接近而非接触带电体，带电体对人体放电时，电弧或电火花对人体造成的伤害事故。

1. 关于用电作业的典型事故案例

触电事故的发生，大多是由于思想麻痹、安全意识不强、检查不细、判断错误造成的，还有的是缺乏相关知识，没有遵守安全操作规程造成的。

(1) 稀里糊涂把铅丝伸向高压开关

那一年秦某从技校毕业被分配到了一家煤矿，成为一名电器维修工。因为秦某一直很爱好电工技术，加上手脚勤快、好奇心强，善于从实践中学习，不到3个月就能“独当一面”了。但是，秦某一直没把学习安全规程当回事，认为只要学好技术，工作中大胆去干，就不会出啥事故。有一次终生难忘的事故彻底改变了秦某，让他认识到，干工作光有热情和冲劲儿是不行的，必须学好安全知识，每时每刻把“安全”二字放在第一位。

那一天，秦某跟着师傅在井口配电室忙了一下午，终于处理完了高压配电盘的故障。秦某想着把配电室清扫一遍就可以下班了，于是催师傅先去换衣服，打扫卫生他自己一人就成。师傅嘱咐秦某慢一点儿，注意安全，就去隔壁机房检查保险装置去了。当秦某用扫帚清理6千伏开关防护栏上的灰尘时，不料扫帚被防护栏的一处焊点钩住，一失手扫帚落进防护栏内，无论怎样伸手也抓不着。情急之下，秦某找来一截铅丝，将铅丝一端弯成钩，想以此伸进防护栏钩回扫帚。当秦某伸出铅丝一瞬间，就觉着胳膊强烈一振，浑身随之麻酥酥的。“快莫动！”只听身后一声喊叫，换好衣服的师傅冲过来从秦某手中夺过铅丝，满脸铁青吼道："你想干啥，不要命了！"秦某把事情从头到尾说了一遍，师傅听后说："6千伏高压电的安全距离是1米以上，铅丝有弹性，伸进防护栏后难以控制，如稍有不慎，一旦铅丝伸到电感应范围内，强大的感应电流会瞬间通过铅丝传到身上，后果你知道吗?"秦某立刻出了一身冷汗。自己平日里刻苦学习电器维修技术，却忽略了电器安全这一重要课程。想起刚才那一幕，实在是让人深感后怕。从此秦某不再轻视对安全知识的学习，把学习安全知识放在学习电工知识之前，熟读安全规程，严格安全操作。

(2) 那天心情不好差点儿引发事故

那年9月份的一天，刘某某谈了两年多的女朋友突然和他提出分手，刘某某的心情坏到了极点。第二天上班时刘某某脑子里全是女朋友的身影，心思根本就没放在工作上。

师傅安排刘某某在操作室接听电话，自己陪同电工师傅进入机房配合检修工作。电工需要更换电缆，便打电话通知刘某某到配电室关闭离心泵电源。刘某某走进配电室，打开配电柜的门后随手就把开关断开了，并按要求回到操作室给师傅和电工回了电话，告诉他们电已停了。谁知刘某某刚坐下来一会儿，师傅就急匆匆地走了进来，怒不可遏地问道："你脑子想什么呢？去看看你断开的是哪个开关？想出人命啊?"师傅的吼声把刘某某从想女朋友的思绪中拉了回来，刘某某跟着师傅到配电室一看，原来他断开的是个备用开关，显然是关错开关了。多亏电工师傅经验丰富，在操作前进行了逐项验电，才发现了这个错误，避免了一次严重的事故。

刘某某从此告诉自己：不管自己生活中遇到什么事，都不要把情绪带到工作中，因为只有这样，才能确保安全。

(3) 不挂操作牌被电击险些丧命

罗某某是一名煤矿电工。与电打交道二十多年来，罗某某一向小心谨慎，从未发生过安全事故，但随后有一次因不挂操作牌而被电击险些丧命的事故，令他一直难以忘怀。

事故发生当日，生产任务非常重，又遇班组另一名电工有事请假，罗某某只得单独去处理工作任务。罗某某首先来到煤仓地坑更换14号给煤机的照明线路。该地坑的照明灯开关安装在皮带机的机头处，照明灯离开关有140米远，按规定检修电器线路及设备前必须断闸后再挂上操作牌。那天罗某某身上没带操作牌，如果回去拿一趟需要10分钟的时间。为了图省事，罗某某拉下开关后，就独自打着手电筒去检修14号给煤机照明线路。就在罗某某快要换完老化了的照明线路时，突然接触到裸线的手产生剧烈痉挛，罗某某心头一慌，整个身体跟着失去平衡，从3米高的梯子上摔落下来，头皮几乎撞到机架的一根角铁上，如果角铁再向外偏移10毫米，后果将不堪设想。

罗某某事后才知道，当天钳工要检修地坑皮带机，进坑后见照明灯开关未挂操作牌，就随手把开关合上了。如果罗某某不图省事，不嫌麻烦，在工作现场悬挂上“有人工作，禁止合闸”的标识，这起事故就完全可以避免。

2. 预防触电事故的安全措施

(1) 必须保证电气设备的安装质量，大型设备的安装必须符合国家相应标准的安全要求，同时要建立健全安全用电的各种规章制度，严格执行电气作业票和操作票制度。

(2) 在使用、维护、检修电气设备时，尽可能不要带电作业，特别是在危险场所（如高温、潮湿地点），严禁带电作业。必须带电作业时，要使用各种安全防护用品，如绝缘手套、绝缘鞋、绝缘杆以及必要的仪表，并设专人监护。

(3) 对各种电气设备按规定进行定期检查，发现绝缘损坏、漏电等事故隐患应及时处理，不得使设备带“病”运行，更不能在检修、维护过程中降低或破坏设备的安全性能。

(4) 严禁非电气作业人员随意拆装电气设备。电工必须经专门培训，取得特种作业操作证方可上岗操作，并按要求定期复审。

(5) 加大电气安全知识、安全技术和安全意识的教育培训，努力提高职工的安全操作技能和自我防护的能力，从根本上改变人的不安全行为。

(6) 加强安全检查，安全隐患只有通过不断的检查才能被发现并解决，做到防患于未然。

(7) 加大安全投入，对电气设备要经常进行维护，必要时投入资金进行技术改进，保证设备正常运行。

(8) 加强对员工的安全教育，使员工能够认识和了解有关安全用电知识，提高自身素质，自觉做好事故预防工作。

3. 触电事故处理办法

触电事故一旦发生，首要的是立刻切断电源，使人体迅速脱离带电体。对于常见的低压触电事故，应立即断开开关或拔出电源插头，必要时，可以选择有绝缘柄的电工专用工具逐相切断电源导线，或者使用干燥的衣服、绳索、木板等，拉开触电者，使其离开带电体。需要注意的是，不得徒手碰及触电者的身体，以免通过触电者的身体将电流传导到施救者身上。将触电者从触电现场救出来以后，要对其进行认真检查，如发现其呼吸、心跳停止，应立即进行人工心肺复苏。即使在送往医院途中，也不能中断抢救工作。如抢救及时，方法得当，绝大多数触电者可以脱离生命危险。

4. 班组讨论

(1) 在企业和班组的安全教育中，是否讲过电气安全知识？你了解相关知识吗？

(2) 你工作的岗位是否涉及电气安全知识？你自己在业余时间

有兴趣主动学习电气安全知识吗?

(3) 你在工作和生活中发生过触电事故吗?在你们班组是否有人发生过触电事故?

(4) 你认为发生触电事故的原因主要是什么?能否讲一讲理由?

(5) 在工作中看见别人擅自连接电源线、拆卸电器设施,你会进行劝阻吗?你如果进行劝阻会如何劝说?

六、检修作业现场事故

在工业生产企业，设备设施的检修作业是一种常规作业，也是危险性较大的作业。检修作业之所以危险性较大，是由于参加人数多、人工作业多、使用工具多、管理难度大造成的，涉及的危险工种多，还需要使用各种手工或半机械化的工具，人机接触频繁，险情增多，容易造成人员伤害事故。此外，在检修过程中容易出现易燃物料泄漏、设备设施不稳定倒塌、人员高处坠落等事故。因此，应提高对检修过程中各种危险的认识，加强设备检修过程的现场安全管理，注意识别和排除作业现场事故隐患，以避免事故的发生。

82. 煤气站风冷器检修作业没有吹扫残留煤气引发爆炸

2016 年 1 月 17 日 9 时左右，湖南省宁远县某陶瓷有限公司（本案例简称陶瓷公司）煤气站风冷器在检修时发生煤气爆炸事故，造成 3 人死亡、3 人受伤，直接经济损失 245 万元。

（1）事故相关情况

陶瓷公司是一家专业从事建筑陶瓷开发、设计、生产和销售的建筑陶瓷砖生产企业。公司生产陶瓷采用水煤气作燃料，有煤气站 1 座，采用无烟煤固定床间隙式气化方式生产水煤气。

（2）事故发生经过

2016 年 1 月 15 日 7 时左右，陶瓷公司煤气炉停工，准备由外聘的专业公司对设备进行检修和清洗。当天 16 时左右，煤气站站长召集煤气站全体员工开会，安排 6 名工人于 1 月 17 日上午拆除风冷器上面的盲板。1 月 17 日 9 时左右，2 名作业人员在平台上用气动扳手和铁质手动扳手拆除风冷器盲板，在拆卸风冷器第二块端盖盲板螺栓的过程中，风冷器内部突然发生爆炸，风冷器出气箱顶盖及部分箱体被开放性掀开，造成在风冷器顶盖拆卸作业人员 3 人死亡、3 人受伤。

（3）事故原因分析

1）直接原因

陶瓷公司煤气站员工在拆卸风冷器顶部盲板过程中，严重违反工业企业煤气安全规程中规定的关于风冷器维修必须遵循的操作程序和步骤，在停炉时间过短（仅 2 天）、系统内温度较高以及没有完全置换和吹扫风冷器内部残留的煤气并进行浓度测定的情况下，拆开风冷器第一块盲板，空气进入进风冷器内部，与残余煤气形成爆炸性混合气体，在拆卸风冷器第二块盲板螺栓的过程中，又违反规程使用气动扳手和铁制扳手，工具碰撞设备时产生火花，引爆风冷器内部爆炸性混合气体，导致爆炸事故发生。

2）间接原因

①煤气站站长违反工业企业煤气安全规程中的煤气设施操作与检修规定，在明知对煤气炉进行检修需要有资质的专业机构和专业人员操作，也明知煤气站的工人不具备煤气炉检修能力，且在未制定检修作业方案和安全措施的情况下，违章指挥煤气站工人对煤气站风冷器

进行检修作业。

②陶瓷公司主要负责人对煤气站检修安全工作重视不够。董事长对煤气站的检修安全生产工作疏于管理，对煤气站站长是否具备检修能力不过问，明知公司近年来安排普通工人进行机修作业不符合有关安全生产要求，但仍听之任之。厂长（同时负责全厂安全生产工作）对聘请的煤气站站长把关不严，没有认真审核其是否具备煤气站安全生产管理能力和知识；对煤气站停炉 2 天后就组织开盖检修没有认真组织研究；对安排缺乏检修能力的普通工人进行检修作业没有制止；对煤气站站长提出的配备煤气炉机修工、仪表察看员和气体浓度检测员等工作人员的建议不重视、不落实。

③陶瓷公司对煤气站从业人员进行安全教育培训不到位，煤气站从业人员不了解、不知晓岗位安全操作技能和风险防控知识，公司也没有开展安全生产教育培训和考核。

（4）事故教训和相关知识

在这起事故中，企业负责人对煤气站检修安全工作重视不够，疏于管理，在停炉时间过短（仅 2 天）且系统内温度较高，以及没有完全置换和吹扫风冷器内部残留的煤气并进行浓度测定的情况下，就贸然拆开风冷器盲板进行检修，结果发生爆炸事故。

设备检修是为了使设备更加安全可靠，以确保生产能正常进行，因此设备检修是企业保障生产安全的重要工作。对于使用煤气、液化气进行生产的设备进行检修，与其他设备的检修相比，具有危险性大的特点，因此从检修作业准备工作开始，就要未雨绸缪，制定检修作业方案和安全措施，不能听之任之，更不能一包了事、不管不问。

检修作业类型多，多种危险并存，面对的危险主要有：

1）交叉作业。由于检修经常是多工种、多工序的相互配合，同时在多个工作层面交叉进行，因而存在多种多样的危险、有害因素，一旦信号联系确认失误，发生事故的可能性较大。

2）高处作业。检修中高处作业多，发生高处坠落事故与高处落物造成物体打击事故率高。

3）动火作业。检修中动火作业多，主要危险、有害因素有烧伤烫伤、高温辐射、有害气体、粉尘危害以及发生火灾爆炸事故。

4）电气检修作业。电气设备、变配电以及配线系统检修各环节，都有可能发生漏电和防护失效，造成触电、电弧灼伤，甚至火灾爆炸事故。检修时常用的手持或移动电动工具的电源线易发生漏电、触电事故。

5）停机过程中切断电源、气源失误，拆装机械设备时部件的移动和滑动，上下往复运动或移动走行装置检修中发生误动作，易造成机械伤害事故，频繁的吊运作业易造成起重伤害事故。

此外，检修作业不可避免地要在一些危险场地进行，除常见的场地狭窄、地面高低不平、油污易滑以及照明不良外，还经常会在高温、粉尘、存在有毒有害及腐蚀性物料的恶劣环境中作业，如果不注意采取防范措施，就会对检修人员造成不同程度的伤害。

83. 检修蒸汽管线作业未悬挂警示牌错误送汽导致灼烫

2011 年 7 月 2 日，北京某医院病房楼北侧 J182 号井附近的管道沟内，检修蒸汽管线作业过程中发生一起灼烫事故，事故造成 1 名工人死亡，直接经济损失 100 万元。

（1）事故相关情况

北京某物业管理有限公司（本案例简称物业管理公司）是一家提供高档住宅物业管理服务的专业企业，有员工约 380 人。

北京某医院将该单位的锅炉房外包给物业管理公司进行管理，物业管理公司负责医院锅炉的运行以及锅炉附属设施的日常维护保养，并为医院日常供热、供汽消毒等需求提供保障。物业管理公司根据合同要求，在医院锅炉房安排有 8 名锅炉工倒班工作，司炉工长为李某某。事发时，李某某、闫某某当班。

（2）事故发生经过

2011 年 7 月 2 日 8 时许，医院总务处检修班班长夏某某到锅炉房告知闫某某他们准备对供应室的蒸汽管线进行检修，先不要送汽。随后夏某某带领苏某某、孙某某、袁某某来到医院病房楼北侧 J182 号井部位，孙某某先进入井内将破损管道一端用气割枪切断，随后苏某某进入管道沟内去拆墙，孙某某在管道井口看守。夏某某在了解破损管道的直径和长度后，和袁某某去锅炉房找到李某某领取新钢管，并说明了是用于管道维修。李某某安排闫某某陪夏某某一起去取钢管，李某某在锅炉房值守。9 时 15 分，李某某接到供应室医护人员需要用蒸汽清洗医疗器械的电话后，将供应室蒸汽管线阀门打开送汽。此时，苏某某正在管道沟内作业，在现场看守的孙某某看到有蒸汽从井口冒出，马上电话通知锅炉房停汽。停汽降温后，孙某某进入管道沟内将苏某某救出，发现苏某某被饱和蒸汽烫伤，9 时 35 分，苏某某经医院抢救无效死亡。

（3）事故原因分析

1）直接原因

李某某作为司炉工长、当日的值班人员，安全意识不强，疏忽大意，在已知有管道正在进行检修，但没有确认检修管道的具体位置的情况下，打开供应室的蒸汽阀门，导致事故发生。

2）间接原因

①物业管理公司规章制度不健全，没有关于在管道维修过程中锅炉房值班人员应如何与检修工人配合、衔接的规定，也没有锅炉房值

班人员应采取何种安全保障措施，以避免在管道检修过程发生安全事故的规章制度和操作规程，不具备安全生产条件。

②物业管理公司副总经理宋某某，全面负责公司在该项目的安全生产工作，对该项目的安全生产工作督促检查不到位，没有根据该项目的实际情况，建立、健全相关的规章制度和操作规程。

③医院院长助理兼总务处处长崔某某，全面负责医院的安全生产工作，督促、检查安全生产工作不到位，未及时发现并消除锅炉房有关规章制度不健全的生产安全事故隐患。

（4）事故教训和相关知识

这起事故的发生有两个因素，一个是司炉工习惯性操作，另一个因素是相互联系、安全确认不当。对于一些设备操作人员来讲，在日复一日的重复性操作中，久而久之会形成下意识的习惯性操作，当检修作业或者其他原因发生变化时，由于习惯性思维和动作，会导致操作人员会习惯性地进行重复性操作，从而引发事故。

在设备设施检修作业中，之所以在关键部位悬挂“有人作业”警示牌，目的就是提醒操作人员不要习惯性地思维和操作。在这起事故中，检修人员没有在供应室蒸汽管线阀门上悬挂“有人作业”警示牌，也没有设置专人进行看护，未能阻止司炉工的错误送汽行为。

84. 检修皮带支架缺乏提醒导致机械伤害

2018 年 1 月 16 日，位于南夏墅街道的常州某混凝土有限公司（本案例简称混凝土公司）在检修作业过程中发生一起机械伤害事故，导致 1 名工人死亡。

（1）事故相关情况

混凝土公司，经营范围为商品混凝土及构件制造、加工等。公司有员工 59 人。

南夏墅街道于 2017 年 8 月 8 日对该企业发放了关于全面开展安全生产大检查通知书，按照通知要求企业将开展隐患自查自纠工作，并将检查结果汇总成表格上交街道安监科。后来，村组织对该企业进行了检查，并查出 3 个问题，复查时 3 个问题都被整改完毕。

（2）事故发生经过

2018 年 1 月 16 日 8 时 37 分，混凝土公司 3 号线皮带吊轴滚筒上的一根防滑钢筋脱焊导致运行时发出异响。该公司检修工龙某某发现后，电话报告检修主管杨某某，并将电焊机拉到了检修现场。9 时许，杨某某到达检修现场后，龙某某开始登皮带支架（此时 3 号线未启动）。杨某某对龙某某说等一下再登，他到控制室确认 3 号线是否确实停机。龙某某未听劝阻仍然登上了皮带支架，杨某某便转头走向控制室。这时 3 号线控制室工作人员按照程序启动皮带，龙某某被皮带卷到吊轴滚筒里受伤。

事故发生后，杨某某立即对控制室大喊“停掉、停掉。”操作室操作人员听见呼叫声后立即关机。杨某某立即报告公司分管生产的副总经理范某某。随后公司负责人张某及范某某赶到现场，并拨打了“110”“120”“119”电话。消防人员到场后全力救援，将龙某某从皮带滚筒中救出，经“120”急救人员现场确认龙某某已经死亡。

（3）事故原因分析

1）直接原因

检修工龙某某自我保护意识不强，未经专门培训并领取电焊作业的特种作业操作证，违章作业，同时也违反企业的维修工作制度。

2）间接原因

①检修主管杨某某安全意识差，检修作业管理混乱，违反公司制定的检修工作制度。

②副总经理范某某安全管理工作不到位，检修作业管理存在漏洞，对不具备电焊特种作业资格的龙某某进行电焊作业制止不力，对检修作业人员的安全教育培训不到位。

③公司负责人张某未切实履行主要负责人的安全生产管理职责，未制订安全生产教育和培训计划，安全生产教育培训工作开展不到位。

④混凝土公司安全生产管理不到位，对检修作业重视不够，管理不力，安排未经专门安全作业培训并取得电焊特种作业操作资格的人员从事临时性电焊作业，未制定事故隐患排查治理制度，未及时发现并消除生产作业现场存在的事故隐患，未督促员工严格执行安全生产规章制度和安全操作规程。

（4）事故教训和相关知识

在这起事故中，检修工既未告知控制室需要检修 3 号线的情况，也未在控制室内悬挂“正在检修”标识牌，又不听劝阻，匆匆忙忙登皮带支架进行检修作业，结果控制室操作人员在不知情的情况下启动设备运转，事故的发生就成为必然。

对这起事故，事故企业应认真吸取事故教训，加强对从业人员的安全教育培训，尤其是对特种作业人员的安全培训，严禁安排未经专门培训并取得相应资格的人员从事特种作业。同时，公司应认真开展隐患排查治理工作，切实提高生产现场的安全防护措施，加大对生产现场的安全监管力度，杜绝员工的违章现象，确保安全生产。

85. 检修装卸平台用木方代替原配安全装置发生机械伤害

2018 年 9 月 2 日 14 时 40 分许，位于新北区春江镇的某石膏建材有限公司（本案例简称石膏建材公司）纸库装卸区发生一起机械伤害事故，造成1名检修人员死亡，事故直接经济损失158万元。

（1）事故相关情况

石膏建材公司位于常州新北区，为外商独资企业，经营范围为新型建筑材料的研究、制造并提供售后服务；建筑材料、保温材料、隔音材料销售等。

常州市某自动化设备有限公司（本案例简称自动化设备公司）是石膏建材公司的设备供应商，主要负责部分设备设施的检修服务工作，双方就具体的检修项目单独签订了相关合同。

（2）事故发生经过

2018年8月31日，石膏建材公司的叉车工向公共设施主管部门报告称纸库的卸货平台出现了问题，平台的搭板不能被正常搭到货车上。公共设施主管徐某某虑到自动化设备公司去年曾派人来检修过此平台，就让叉车检修技术员张某某联系自动化设备公司的总经理邵某某来现场查看确认平台的故障。针对该装卸平台检修项目，双方并未签订合同及安全管理协议。

9月2日9时，张某某联系了邵某某，让其下午派人过来检修装卸平台。因自动化设备公司无空闲人员，邵某某便安排临时工邓某某与顾某某去进行检修作业。14时20分许，两人到达石膏建材公司，张某某安排他们检修卸货平台，自己在叉车检修间车检修叉车。在查看了平台之后，邓某某按下了气囊弹开的控制按钮，卸货平台被顶开，发现平台的检修安全防护支撑杆丢失。为了便于查看平台下面的情况，顾某某临时找来两根木方支撑住平台就到平台下面进行检查。不一会儿木方突然滑脱，平台板落下压向平台板下方的邓、顾二人，邓某某被平台边缘刮擦，轻微擦伤，顾某某被压在平台下方。张某某立刻操作叉车将平台顶起，邓某某将顾某某扶起。随后邓某某拨打了“120”急救电话，15时许救护车到达现场，将顾某某送至医院，顾某某经抢救无效死亡。

（3）事故原因分析

1）直接原因

①顾某某安全意识淡薄，对风险因素认识不足，在上吨重的平台仅依靠两根木方支撑的情况下，贸险进入下方进行检修作业，木方突然滑落致使平台板落下将其压住，致其死亡。

②装卸平台的支撑杆长期缺失，检修人员经常用木方代替原配的安全装置，导致缺乏有效的安全防护装置。

2）间接原因

①石膏建材公司隐患排查治理工作开展不到位，对于检修支撑杆长期缺失的安全隐患，公司设备、安全管理人员未能及时发现。

②张某某将工作交代后一走了之，作业现场无人进行有效的安全指导和监护，对于作业人员的违规违章作业行为未能得到有效制止，生产安全事故隐患根源未得到清除。

③石膏建材公司未能逐级落实安全生产责任制，各管理岗位安全职责不清，对承包商的管理混乱。公司内部关于承包商安全、健康、环境管理程序落实不到位，相关人员私自联系检修作业，未按文件规定的流程进行承包商的选择及确定施工方案。公司未与承包单位签订承包合同及安全生产管理协议，也未对外来作业人员进行安全教育培训和技术交底，导致作业人员无章可循、冒险作业。公司未对装卸平台检修时的特定风险进行分析、评估，也未采取有效的安全技术措施。

④自动化设备公司安全管理基础薄弱，未建立安全生产责任制，未做好人员定编、定岗、定责工作，仅对从业人员进行口头的安全教育培训。公司未制定岗位安全操作规程，作业前未按照有关规定制定作业方案，未派人对现场作业进行安全管理，未定期排查事故隐患。

（4）事故教训和相关知识

事故之后，事故企业根据事故原因和事故教训分析，采取以下整改和防范措施：

1）逐级落实安全生产主体责任，健全并落实各项安全生产规章制度和操作规程。进一步加强外包作业的安全管理，严格执行公司的管理流程，发包前应认真审核承包方的相关施工资质，并与其签订安全生产管理协议，明确各自的安全生产管理职责，向承包方书面告知发包项目场所及相关设备的基本情况和安全生产要求，针对作业现场的特点、主要危险有害因素、应急处理措施和进入现场的安全注意事项等方面做好对外来施工人员的安全培训工作并签字确认，有针对性地制定安全防范措施和应急救援预案，做好安全检查和监护，确保各项安全管理和技术措施落实到位。

2）加强对各类机械设备的安全检查和维护保养工作，严格制定并落实设备使用和检修的安全操作规程，并做好人员的安全教育和专业技术培训，规范机械使用和检修人员的作业行为。要加强机械设备检修过程中的安全防护工作，检修前要做好危险因素辨识，对于可能发生的危险情况要采取可靠的安全防护措施。

3）做好安全风险分级管控，认真执行隐患排查治理机制。要开展并完善安全风险辨识和评估，从组织、制度、技术、应急等方面对安全风险进行有效管控，实施好安全风险的公告警示。加强事故隐患排查治理工作力度，增加巡查频次，对作业人员违规作业的行为及时制止，确保作业现场安全。制定符合实际的隐患排查治理清单，明确隐患排查的内容、频次和人员，尤其要强化对存在重大风险的、使用时间较长的机械设备的隐患排查，对发现的隐患要严格治理，实现闭环管理。

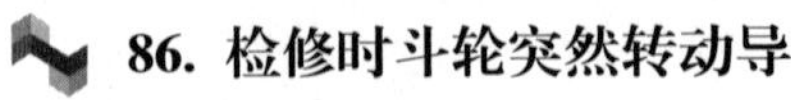

86. 检修时斗轮突然转动导致伤害

2013 年 3 月 20 日，位于某钢铁股份有限公司（本案例简称钢铁公司）炼铁厂原料分厂区域内，某技术服务有限公司第二检修分公司（本案例简称第二检修分公司）在对 12 号堆取料机斗轮进行修理时，发生一起机械伤害事故，造成 1 人死亡。

（1）事故相关情况

2012 年 12 月 31 日，钢铁公司与第二检修分公司签订了协议，主要内容是第二检修分公司负责在炼铁厂原料区域、烧结区域机器、电器、仪器、设备检修，有效期 1 年。

（2）事故发生经过

2013 年 3 月 20 日，第二检修分公司炼铁队顾某班组根据工作安排，到钢铁公司炼铁厂原料分厂对 12RC 堆取料机进行维修，维修项目为斗轮油泵更换、斗轮溜槽修理、斗轮轴承检查、钢结构腐蚀整治、斗轮导料板修理、振动给料器螺栓更换。班长顾某和汪某某负责除第一项外的其余项目。

10 时许，顾某班组与炼铁厂点检工一起进行现场技术交底、停电、挂牌等工作后，顾某班组按分工进行检修作业。

15 时 20 分左右，汪某某站在溜槽侧板上俯身在斗轮内开始修补导料板。15 时 40 分左右，在一旁的顾某接到电话后有事离开现场，10 分钟后返回，到悬臂过道上用气割枪将钢梁与斗轮螺帽卡碰位置割出一个切口，使螺帽通过。

16 时许，地面上的顾某班组成员张某某听到一声叫喊，抬头看到斗轮上在往下滴血，判断出事了，就大声叫喊："救命啊！"回到地面的顾某听到喊声后，跑过来看到汪某某趴在溜槽侧板上，头部被斗轮支架固定板压着，连忙跑到操作室旁，告知班长闫某某。闫某某顺着悬臂的走道赶到斗轮处查看情况后，叫地面人员用铁链进行施救。顾某回到地面后，拿起地上的铁链，将一头挂在悬臂架前端，另一头挂在斗轮齿上，拉动铁链使斗轮倒转，悬臂上的闫某某等人将汪某某抱下，并抬上随后赶到的救护车，送往医院。3 月 28 日 4 时 31 分，汪某某经抢救无效死亡。

（3）事故原因分析

1）直接原因

检修班组未按照斗轮检修规定做好安全防护措施，检修人员即进入斗轮中作业，斗轮突然转动导致事故发生。

2）间接原因

①班长在对堆取料机悬梁钢结构切割时，未对其他作业人员的状况进行检查。

②第二检修分公司对从业人员安全教育不到位，未能督促从业人员严格执行安全生产规章制度和安全操作规程。

（4）事故教训和相关知识

在这起事故中，检修地点是炼铁厂原料分厂，检修内容是对堆取料机进行检修。堆取料机又叫斗轮堆取料机，是一种新型高效率连续装卸机械，主要用于散货专业码头、钢铁厂、大型火力发电厂和矿山等的散料堆场装卸铁矿石等。该机因作业效率高，故在国内外得到广泛应用。在堆取料机安全操作规程中规定：进行远程操作时，必须通过岗位人员确认许可后方可开机。

从检修班组作业情况来看，检修人员进入现场后，与炼铁厂点检工见面，进行了技术交底、停电、挂牌等工作，然后按分工进行检修作业。检修班组的疏漏是未按照“斗轮修理前，要前后使用双铁链固定”的规定做好安全防护措施，结果斗轮突然转动，人员头部被斗轮支架固定板压到。斗轮很大很沉重，当停电停止操作时，斗轮并没有处于自然平衡状态，当检修作业调整各个部件的时候，斗轮的制动被打开，斗轮开始转动寻求自然平衡，结果导致事故。

这起事故为大型机械检修人员提了个醒，在进行检修作业前要认真对作业风险进行辨识，对作业中的关键点要尤为注意，并且对存在交叉作业的检修项目要加强管理，预防事故发生。

 87. 急于下班没有确认检修是否结束指挥试车伤人

2013 年 5 月 25 日 8 时 10 分许，贵州省某轧钢厂二棒线作业区检修工在作业时，操作台突然试车运行，运行的托架将检修工撞伤。

（1）事故发生经过

事发当日 8 时 10 分许，二棒线作业区综合班白班检修工陈某和刘某到 A、B 作业区巡检，发现 B 区第五组托架的主传动轴座子螺栓松动、第三组链条跳齿。当时，夜班检修工李某等 3 人正在处理托架第一组链条，准备处理完以后就交班。陈某问李某是否取得了操作牌，李某回答已取得，陈某和刘某就下去处理巡检时发现的故障，但未告诉夜班操作人员要处理第三组链条。当陈某紧固完第五组座子螺栓后，就和刘某到第三组链条处调整链条。此时，李某处理完第一组链条后，未进行确认就指挥操作台试车。突然运行的托架将正在进行调整链条的刘某撞伤，经医院诊断为刘某左下颌骨骨折、右耳挫裂伤。

（2）事故原因分析

1）直接原因

在接近交接班时间，李某急于下班，处理完设备故障后，没有确认周围是否还有人作业，盲目指挥试车。

2）间接原因

①作业人员安全规章制度未落实。陈某和刘某处理设备，虽然询

问了是否取得操作牌，但是没有到操作台告知操作工，并签订互保协议卡，致使操作工不知道 B 区有两处作业。

②李某指挥试车，操作工未到现场确认是否有人进行作业，在没有得到操作牌的情况下就启动设备，是造成事故发生的间接原因。

③操作牌未按规定摆放在操作台上，操作台人员与地面作业人员缺少面对面交底的环节，白班和夜班人员交接班期间未执行交接班制度，沟通协调不好，是事故发生的间接原因。

（3）事故教训和相关知识

在这起事故中，两名检修人员虽然询问李某是否取得操作牌，但是没有告诉李某要去处理新发现的设备故障，导致李某不知二人在托盘底部处理托架链条，故此，在试车前未认真确认有无人员作业，由此造成事故。

造成机械伤害事故的原因有人的因素、设备的因素、管理的因素，同时还有一定随机性，如果检修人员能够遵守规章制度、严守安全操作规程，那么事故有可能避免，或者使事故发生率大幅度下降。

为了预防此类机械事故的发生，可以采取以下预防措施：检修人员在设备出现故障维修时，要严格执行挂牌制度，操作牌必须放置在操作台上；严格执行联保互保确认制度，共同作业做好互保监护，履行互保监护职责；操作人员启动设备，必须对现场作业人员进行确认，在未得到操作牌和未确认现场是否还有作业人员的情况下，严禁启动运行设备；交接班期间，必须交接清楚后，作业人员才能开始工作；多方进行交叉作业时，必须沟通协调好，信息明确、清晰；指挥设备运行时，必须先确认作业区域内其他作业人员的情况，在未将人员清场的情况下，严禁启动设备。

 88. 未搭设平台冒险在被切割的大钟上作业发生高处坠落

2009 年 1 月 21 日 16 时 20 分，陕西某钢铁集团有限公司（本案例简称钢铁集团）在检修 3 号高炉时发生高处坠落事故，3 人死亡，1 人重伤。

（1）事故相关情况

钢铁集团拥有炼钢厂、炼铁厂等 10 个生产单位，职工约 5 500 人。

（2）事故发生经过

2009 年 1 月 6 日，钢铁集团与刘某签订 3 号高炉（建成投产并已连续运行 3 年多）中修工程施工合同和安全施工协议，主要内容是高炉停炉料的扒除、炉内耐火材料的拆除、热风炉耐火球的拆除和选装、炉顶设备检修更换等，采用包工期、包质量、包安全、包费用的包干制形式。

合同签订后，刘某带领 27 名施工人员进驻钢铁集团，经过钢铁集团工程交底和安全交底，于 11 日正式开工，计划工期为三个半月。事发当日 8 时许，负责施工现场管理的安某安排两个施工班组分别在炉顶内外作业，拆除 3 号高炉炉顶大钟受料斗。16 时 20 分左右，工人相继将大钟南、北两边的焊接点切开，大钟突然下坠，造成东、西两侧两个悬吊大钟的手动葫芦挂钩断裂脱落，站在大钟上作业的蔡某等 4 人随大钟一起从距地面 27 米的炉顶坠落至距地面约 7 米的高炉炉底。事故造成 3 人死亡，1 人重伤。

（3）事故原因分析

1）直接原因

①作业人员安全意识淡薄，在登高切割、吊装作业时，未搭设工作平台，冒险站在被切割的大钟上作业。

②悬吊大钟的两个吊点设置不合理，吊点数量不足。在已知大钟质量约为 7 吨的情况下，两个吊点分别使用额定载质量为 5 吨和 3 吨的手动葫芦悬吊大钟，手动葫芦因不足以承载被切割后突然下坠大钟的重量，西侧的手动葫芦吊钩首先被拉直脱落，东侧的手动葫芦吊钩随即断裂，造成大钟侧翻坠落。

③非特种作业人员从事金属切割作业。

④吊装作业未安排专人指挥。

⑤作业人员未使用个人防护用品。

2）间接原因

①钢铁集团对施工单位及施工人员审查把关不严，在没有认真核实相关资质和授权委托书真伪的情况下，贸然决定将高炉中修工程交由实际无任何施工资质的刘某施工队进行施工；对施工单位未制定安全施工方案、作业人员严重违章等问题，监督管理不到位，督促整改不及时，致使施工现场存在较多安全隐患。

②施工单位弄虚作假，伪造他人资质证照等，违规承揽建设工程项目，非法施工；施工现场安全管理人员未经有关部门培训教育，无安全管理经验；进行切割、吊装等危险性较大作业时未制定有针对性的安全施工方案，也无专人现场监督指挥作业；未对员工进行专门的安全教育，部分工人未经三级安全教育培训就允许上岗作业；违规安排非特种作业人员从事金属切割、吊装等特种作业；施工现场安全管理严重混乱。

（4）事故教训和相关知识

在这起事故中，有 5 个事故直接原因。在 5 个原因中，最为关键的是第 2 个原因，即悬吊大钟的两个吊点设置不合理，吊点数量不足。在已知大钟质量约为 7 吨的情况下，两个吊点分别使用额定载质量为 5 吨和 3 吨的手动葫芦悬吊大钟，手动葫芦不足以承载被切割后突然下坠的大钟。

手动葫芦是一种安装和操作便利的起重工具。使用手动葫芦起重作业时，需要注意的事项很多，对于这次维修作业来讲是这样 3 项：一是不得超载进行吊装作业；二是不得侧向斜吊；三是不得在吊载作业中进行检修与维护。在这次起重作业中，需要吊起的大钟质量约 7 吨，两个手动葫芦的额定载质量分别为 5 吨和 3 吨，明显不能承受大钟的质量。还需要注意的是，如果设置两个吊点，那么就可能是侧向斜吊。此外，在高处切割、吊装作业时，未搭设工作平台，冒险站在被切割的大钟上作业，与不得在吊载作业中进行检修与维护的规定不相符。一次作业出现 3 个错误，极容易发生事故。

89. 检修作业未采取有效的安全防护措施发生高处坠落

2013 年 1 月 26 日 11 时 40 分左右，河北某港口机械有限公司（本案例简称港口机械公司）的外包单位秦皇岛某工贸有限公司（本案例简称工贸公司）职工王某某，在对煤炭堆场取料机进行检修过程中，从 4 米高平台坠落受伤，经送医院抢救无效死亡。

（1）事故相关情况

工贸公司经营范围为钢结构制造，机械零部件加工，其他机械设备的销售及租赁，机床、压缩机、冶金及矿山机械的安装、维修等。公司当时承包港口机械公司的机械检修工程。公司有职工 20 人，其中专职安全员 1 人。

（2）事故发生经过

港口机械公司检修中心承接了 R13-1 取料机检修项目，R13-1 取料机在取料作业中悬臂前段钢结构折断，导致取料机头部驱动连同斗轮部分坠落、翻倒在作业煤堆上，导致斗轮装置、卸料装置损毁严重。在维修恢复过程中，由于取料机臂架钢结构部分焊缝要求探伤，因此，港口机械公司检修中心便把焊缝焊接技术要求比较高的部分检修项目分包给了外协单位工贸公司；工贸公司承揽此检修项目后，派了 2 名维修工负责此项工作。

事发当日 11 时 40 分左右，工贸公司检修工人王某某在维修平台翻越取料机臂架头部钢结构时，不慎失足，从 4 米多高的平台钢结构臂架上坠落，导致头部受伤。

事故发生后，现场人员将伤者王某某抬上一辆后勤保障货车，送往医院进行抢救，因伤势过重，王某某经抢救无效死亡。

（3）事故原因分析

1）直接原因

工贸公司检修工人安全意识淡薄，在高处作业中未采取有效的安全防护措施，未正确使用安全防护用品违章作业，是造成事故发生的直接原因。

2）间接原因

①工贸公司安全教育培训工作不到位。企业未认真落实教育培训制度，没有按规定对新入厂工人进行教育培训，更未进行岗前考核。

②工贸公司安全管理不到位。公司对承揽的检修项目未进行工作计划部署，对检修作业人员安全管理缺失，对职工作业监督检查不到位，对职工违章行为没有及时发现并制止，导致发生安全生产事故。

③港口机械公司对承包单位的安全监管工作落实不到位。公司检修中心未对工贸公司高处检修作业实施有效的安全监管，对检修作业现场存在的安全隐患和职工违章作业行为未及时发现并制止，导致发生事故。

（4）事故教训和相关知识

这起事故的发生比较突然，也十分意外，检修人员在检修平台翻越取料机臂架头部钢结构时，不慎失足，从4米多高的平台钢结构臂架上坠落，导致部受伤。

在生产企业，为保护作业人员的安全和健康，要求做好生产现场的环境防护，即作业现场的各种沟、池、孔、槽等应配置安全盖、护栏和网，梯台、坡面、踏板应有防滑措施；生产设备、原料、半成品、成品、废品等，摆放应井然有序，布置合理，划出禁行区、物料存放区、人行通道，并设置安全标识；温度、湿度应适宜；作业现场要有良好的照明；控制作业现场的噪声及有害气体、粉尘的浓度等。

对于检修人员来讲，检修作业通常是一种非常规作业，为了完成检修任务，许多时候需要爬上爬下、进入设备内部，因此加强对自身安全的保护格外重要。自我防护包括两个方面的内容，一是熟练掌握安全技能，提高自身的安全素质，增强自我保护意识；二是合理配备并按规定使用好防护用品用具，做好自我防护。

90. 检修天窗临边高处作业未使用安全带发生坠落

2013年3月11日，河北某建筑机械制造有限公司（本案例简称建筑机械公司）发生一起检修工在检修车间修理顶棚天窗时发生高处坠落事故，导致1人死亡。

（1）事故相关情况

建筑机械公司坐落于盐山县五里窑工业区，有员工115人。公司下设耐磨、喷漆、地泵、地蜡涂料和炼钢5个车间，主要生产各种型号的建筑机械配件、泵管等产品。

（2）事故发生经过

事发前，建筑机械公司主要管理人员张某某找到承揽彩钢工程的农民工崔某某和董某某，说公司炼钢车间的天窗破损严重需要检修。

次日，崔某某和董某某到公司勘测天窗面积，后与该公司主要管理人员张某某谈下施工协议。

3 月 11 日 8 时，崔某某带领妻子王某某及董某某来到该公司进行施工，3 人把公司炼钢车间顶棚的漏洞修补完后，15 时 30 分准备修理车间天窗。董某某爬到天窗顶部踩在天窗的钢梁上由西向东走，不小心一脚踩滑，脚踩在了 0.4 毫米厚的彩钢板上，因此时董某某未使用任何安全防护用品，彩钢板经不起董某某身体的重量，董某某从距离车间地面约 10 米的天窗顶部坠落下来。

事故发生后，王某某立即拨打了“120”急救电话，并通知了公司主要管理人员张某某。10 分钟后“120”急救车到达公司，由崔某某、王某某及急救人员把董某某抬到急救车上送往医院进行救治，19 时 10 分董某某经抢救无效死亡。

（3）事故原因分析

1）直接原因

施工人员董某某在临边高处作业施工过程中，未使用安全带及安全帽，违规操作，而且施工作业面下无水平防护（安全平网），缺乏有效的防坠落措施。

2）间接原因

①公司未实施有效的安全检查，管理人员对违章及违规行为未能及时制止。

②施工人员无证上岗，安全意识淡薄，冒险作业。

③公司把施工项目发包给不具备施工资质的个人进行施工。

（4）事故教训和相关知识

在这起事故中，车间的天窗距离地面有约 10 米的高度，在这样的高度，修理天窗时作业人员未使用安全带及安全帽，也没有采取其他安全措施，无视安全，冒险作业，结果发生高处坠落，害了自己。

在检修作业中，是否注意安全，是否遵章守纪，很大程度上在于作业人员的安全意识、安全素质。从曾经发生的各类事故情况来看，绝大多数事故都是由于人的不安全行为造成的。而人的不安全行为，又与人的心理活动存在着联系。人的心理活动与安全行为之间的关系，实质上就是知与行的关系。行为是对刺激的反应，安全行为就是安全信息在言行举止上的表现。任何人遵章守纪或者违章违纪，都是在一定心理活动下产生的，都是受心理的支配与控制，是心理活动的外在表现。在这起事故中，检修人员高处作业不采取安全防护措施，就是存在侥幸心理、冒险心理，认为可能不会发生事故。

91. 供水改造项目检修作业阀门井大量喷水致人员淹溺

2010 年 12 月 23 日，北京某机电设备有限公司（本案例简称机电设备公司）在房山区长阳镇大宁村北张坊至田村水厂供水改造项目进行检修作业时，发生一起淹溺事故，造成 1 人死亡，事故直接经济损失 40 万元。

（1）事故相关情况

机电设备公司经营范围为销售机械电子设备、日用品、五金、建筑材料等。

（2）事故发生经过

2010 年 12 月 23 日 5 时，张坊至田村水厂供水改造项目检验合格后开始充水，5 时 50 分，大宁村北排水阀门井膨胀节处出现漏水现象，6 时 10 分，机电设备公司的 8 名检修人员赶到现场进行修理。6 时 15 分，阀门井开始大量喷水，现场检修人员立即自动撤离现场并上岸。人员紧急上岸后，清点人数发现缺少杨某某，立即组织人员寻找，一直没有找到。6 时 20 分，现场人员及时拨打了“110”“119”

电话，接到报警后，公安、消防、安监、应急办及时组织进行救援，由于地理条件限制，救援难度较大，至 18 时 25 分才将杨某某尸体挖出。

（3）事故原因分析

1）直接原因

作业现场为泥坑，杨某某撤离时滑倒，工作环境不良是导致事故发生的直接原因。

2）间接原因

①机电设备公司未及时消除作业现场存在的安全隐患，安全监管不到位，导致事故发生。

②机电设备公司组织施工不力，安全监管不到位。

（4）事故教训和相关知识

这起事故是排水阀门井出现漏水，8 名检修人员赶到现场进行修理，突然阀门井大量喷水，检修人员立即撤离现场并紧急上岸，结果有 1 名检修工没有来得及撤离被淹死。

设备设施检修周期短，往往带有突击性，参加检修的人员多，技术水平和人员素质各不相同，管理难度大；检修作业需要在一定场所内多工种协调配合进行，如果现场组织管理不当，安全监督管理不到位，很容易发生事故。这起事故被认定为是一起由于工作环境不良、安全监管不到位而导致的生产安全责任事故。事故企业应从事故中吸取教训，加大隐患排查力度，确保安全投入，及时消除作业过程中的不安全因素。对作业人员的安全教育要抓好抓实，通过安全教育增强人员的安全意识。

班组应对措施和讨论

设备设施经过长时间的运转，不可避免地会出现各种问题，检修就是对设备设施进行检查维修，使设备设施重新恢复正常运转状态。检修作业过程中，如果疏忽大意不注意安全，容易发生事故。

1. 有关检修作业的典型事故案例

检修作业是一个细致的工作，来不得半点儿松懈和马虎，如果存在麻痹思想、忽视安全的行为，那么就会出现危险情形，严重的会导致事故。

(1) 违章抢修酿成的事故

梁某某是轧钢厂机械车间流体班的班长。多年前的一次违章抢修，让他至今追悔不已。

那年1月23日，距春节还有不到1周的时间，梁某某在班前会上布置完检修任务，还特意嘱咐大家注意安全，年前千万不能出事。开完会，梁某某便和同事小张一起去更换集卷工位的3个摆臂液压缸。更换1个摆臂液压缸大约需要30分钟，更换3个摆臂液压缸需要90分钟。为了能让班组成员过一个安稳的春节，梁某某决定90分钟内更换完3个摆臂液压缸。活儿干得挺顺当，大家争分夺秒地完成任务，匆忙之间没来得及对油管接头进行紧固确认，没想到，这一疏忽为事故的发生埋下了隐患。

大家工作结束刚撤离检修平台，红热的盘卷便传到了集卷工位，生产进行了约20分钟后，梁某某突然接到调度室发来的紧急通知："摆臂液压缸漏油严重，马上到现场处理。"梁某某带领班组成员马上赶到现场，发现摆臂液压缸接头处正在漏油。此时生产仍在进行，生产线上的钢件正在传输，集卷站的液压泵组也还在运行。梁某某先跑去停泵拉闸，当班班长告诉他说阀门已关闭，梁某某于是带领小张和小李，返身登上集卷站的楼梯，爬上检修平台。小张刚拆卸掉油管接头，高压油便呈雾状喷出。梁某某不由心里一惊，"不好，肯定是关错阀门了！"与此同时，红热的高温盘卷在集卷筒内下落，接触到雾状的高压油，集卷筒下瞬间变成一片火海。梁某某和小张、小李匆忙中跑出火海，连滚带爬下了楼梯，3人的脸部、背部、手部均有不同程度的烧伤。

（2）不断电不挂牌错按按钮险酿事故

那年8月14日，工厂一车间检修工杨某接受任务，在一台容积为50立方米的机械搅拌槽内对搅拌装置的叶桨和槽体内壁进行检修。杨某按往常的方法，没有断电、没有挂牌，让操作工在外面看着，自己进入搅拌机作业。刚检修没有多长时间，搅拌机突然飞快地旋转起来，随即，杨某在搅拌机里面大喊："快停机！快停机！"外面的操作人员迅速按下停止按钮，将搅拌机停下，所幸没有人员伤亡。

原来，被检修的搅拌机旁边还有一台搅拌机，两台搅拌机共用一个控制箱，但是两台搅拌机的控制按钮位置却正好相反，而另一台搅拌机的操作人员又是一名临时抽调过来的人员，对此不熟悉，于是错误地接下启动按钮，使被检修设备旋转起来。

2. 机械设备检修前安全注意事项

机械设备在检修前，要注意以下事项：

（1）按照操作规程停止运行设备，联系电工对设备停电，根据不同的介质和机泵具体情况进行工艺处置，直至介质排放干净。在此过程，要预防有毒、易燃易爆介质发生泄漏，并采取防火防爆和防止中毒的措施。

（2）按照所制定安全措施和应急预案，对作业人员进行安全教育和现场技术交底。设备处于运行状态或内有物料时，要有专项安全措施。

（3）检修作业人员必须按规定着装，如果需要时要使用专用的劳动防护用品，严禁穿易产生静电的服装、服饰和带铁钉的鞋进入生产装置和易燃易爆区。

(4) 进行设备检修前，作业人员应填写作业许可证，对检修条件进行确认，确认设备停电，做好设备的放空检查和低点排空检查。电工应切断电源，拔掉保险，并在开关上挂上“禁止合闸，检修作业”的警告标识。

(5) 工具、吊链、起重设备在使用前进行检查，确保合格。作业过程，设备检修单位和生产单位都要安排监护人进行监护并配合各项检修以及应急处置工作。

3. 机械设备检修中安全注意事项

在机械设备检修过程中，要注意以下事项：

(1) 拆解带压设备时防止余压使介质残液伤人。作业时，身体尽量背向设备或法兰开启方向，以免受到残存带压介质的冲击、喷溅伤害。

(2) 在拆卸、解体和检修高温设备时，应待设备内部温度冷却至正常温度时再进行作业；但由于工艺要求或条件限制，有些设备需要在高温下拆解，这种情况必须采取防止烫伤的措施。

(3) 在拆卸、解体和更换含有硫化氢等有毒物料的设备时，必须根据有毒物料的性质和浓度，正确选择呼吸防护器材。同时，还应配备相应的便携式检测报警仪，随时监测现场有毒物料浓度。

(4) 在拆卸、解体和更换酸、碱设备时，必须戴好防酸碱眼镜或面罩，穿好防酸碱防护服，同时，检查确认附近喷淋冲洗设施处于完好备用状态，否则要备好足量清水以备紧急清洗。

(5) 检修液态烃泵、溶剂泵、轻油泵、气体压缩机以及溶剂过滤机等设备时，装卸零件部位要使用铜棒、铜锤等不易产生火花的防爆工具，不允许擅自动火。

(6) 一般情况下，禁止在旋转的设备及其附属回路上进行工作。如果必须在旋转的设备上进行检查、清理及调查等工作，要注意扣紧袖口、戴好工作帽，防止被旋转部件卷入绞伤或碰伤。

(7) 在2米以上高处且易发生坠落事故的地点进行作业时，要系好安全带，并将其高挂在牢固的承重体上。

(8) 检修过程中，要及时回收设备内残存或阀门内由于泄漏产生的易燃液体，排放到指定容器内，严禁就地排放易燃易爆物料及危险化学品。使用后的废旧油抹布，集中存放到指定地点，检修完毕，要清理现场，做到“工完、料净、场地清”。

(9) 严禁用汽油、易挥发溶剂擦洗身体、衣物、设备、工具及地面。

(10) 作业人员要正确使用各种工具，作业时用力要适当。检修工具要做到专用化，不得随意乱用，以免损坏设备或造成伤亡事故。在设备检修中常用各类扳手、钳子等，拆卸的又都是金属部件，作业过程要防止飞溅的金属碎屑、介质溅入眼中；工件要放置整齐、平稳，防止挥动工具，以防工具脱落造成伤害，工作中注意周围环境、周围人员及自身的安全，防止物品掉落或遭受其他人员的伤害。

(11) 采用人力移动机件时，人员要妥善配合，多人搬抬物品时应由一人指挥，动作要一致，做到稳起、稳放、稳步前进。吊装物体前，要先进行试吊，没问题后再进行正式吊装。

(12) 检修过程一定注意劳动防护用品的使用。另外，上衣口袋不要装杂物，防止弯腰作业时口袋里的杂物掉入被检修容器内。

(13) 设备检修时要严格规范送电程序，防止设备意外启动。

4. 班组讨论

(1) 你认为检修作业危险吗？如果认为检修作业比较危险，你能说出主要危险是什么吗？

(2) 你所从事的工作与检修作业有关系吗？如果有关系，你会如何配合检修工的检修作业？

(3) 检修作业涉及面很广，如果需要你配合作业，你是否会学习相关知识？

(4) 检修作业容易发生各种伤害，当检修人员不注意安全违章作业时，你会提醒他吗？

(5) 在班组安全学习和安全活动中，你会把自己知道的检修作业事故案例与其他人员分享吗？